面向数字化时代高等学校计算机系列教材

ASP.NET项目实战教程

——从.NET Framework到.NET Core

徐照兴 主编

江勇 夏贤铃 林列亮 副主编

清華大學出版社

北京

内容简介

全书共11章,分为上、下两篇,上篇讲解.NET Framework,下篇讲解.NET Core。上篇分章节讲解ASP.NET经典技术,包括ASP.NET入门知识,ADO.NET数据库访问技术与应用,三层架构项目开发实战,异步处理与分页技术,委托、Lambda表达式与LINQ技术,Entity Framework技术;下篇以一个实战项目贯穿讲解ASP.NET Core常用开发技术,逐步带领读者学习从零开始到部署到服务器上的完整开发流程。

本书适合作为高等院校计算机相关专业的教材,也可供.NET开发爱好者自学使用。

图书在版编目(CIP)数据

ASP.NET项目实战教程:从.NET Framework到.NET Core/徐照兴主编. —北京:清华大学出版社,2024.3

面向数字化时代高等学校计算机系列教材

ISBN 978-7-302-65755-2

Ⅰ.①A… Ⅱ.①徐… Ⅲ.①网页制作工具-程序设计-高等学校-教材 Ⅳ.①TP393.092

中国国家版本馆CIP数据核字(2024)第047390号

责任编辑:薛 杨 薛 阳
封面设计:刘 键
责任校对:郝美丽
责任印制:刘海龙

出版发行:清华大学出版社
网　　址:https://www.tup.com.cn,https://www.wqxuetang.com
地　　址:北京清华大学学研大厦A座　　**邮　　编**:100084
社 总 机:010-83470000　　**邮　　购**:010-62786544
投稿与读者服务:010-62776969,c-service@tup.tsinghua.edu.cn
质量反馈:010-62772015,zhiliang@tup.tsinghua.edu.cn
课件下载:https://www.tup.com.cn,010-83470236
印 装 者:三河市君旺印务有限公司
经　　销:全国新华书店
开　　本:185mm×260mm　　**印　　张**:14.5　　**字　　数**:356千字
版　　次:2024年3月第1版　　**印　　次**:2024年3月第1次印刷
定　　价:49.80元

产品编号:104876-01

前　言

随着信息技术的发展，传统的教学模式已难以满足就业的需要。一方面，大量毕业生无法找到满意的工作；另一方面，用人单位却在感叹无法招到符合职位要求的人才。因此，从传统的偏重知识传授的方式转向注重就业能力的培养，并让学生有兴趣学习、轻松学习，已成为大多数高等院校的共识。

为适应经济和科技发展需求，确保学生真正学有所成、学以致用，培养出更多高素质、高技能应用型人才，我们聘请了具有丰富教学经验的一线教师编写本书。

本书具有以下特点。

(1) 坚持立德树人，融入课程思政。每章设计有思政目标及设计建议。根据工学专业特点及课程专业内容，确定课程思政主线为融入“培育新时代软件工程师的基本素养”，然后再挖掘各章节思政元素。

(2) 将课程内容与职业标准对接。大量调研企业对.NET 软件工程师的需求，然后根据需求提炼安排课程内容，将职业标准融入教材内容中。

(3) 坚持以学生为中心，确保前沿性、先进性、突出应用。本教材从学生的角度，内容编排分篇、章、节，融入新技术，逐步讲解，层层深入递进，实例丰富，分析详细透彻。

(4) 技术新。采用 Visual Studio 2022 为开发平台，讲解.NET 6.0 技术。

(5) 实战讲解，通俗易懂。每种技术讲解均用实例来剖析，没有晦涩的专业词汇，分析层层递进。

本书分为上、下两篇，共 11 章。上篇为.NET Framework 实战篇，下篇为.NET Core 实战篇。上篇分章节讲解 ASP.NET 经典技术，包括 ASP.NET 入门知识，ADO.NET 数据库访问技术与应用，三层架构项目开发实战，异步处理与分页技术，委托、Lambda 表达式与 LINQ 技术，Entity Framework 技术；下篇以一个实战项目贯穿讲解 ASP.NET Core 常用开发技术，逐步带领读者学习从零开始到部署到服务器上的完整开发流程。

本书体例丰富，各章都安排有学习目标、思政目标及设计建议、小结及练习与实践等内容，让读者在学习前做到心中有数，学完后还能对所学知识和技能进行总结和练习。

由于编者水平有限，书中难免存在疏漏与不足之处，敬请读者批评指正。

徐照兴

2024 年 2 月

目　录

配套资源

上篇　.NET Framework 实战篇

下篇 .NET Core 实战篇

上　篇

.NET Framework 实战篇

第1章 ASP.NET 入门知识

学习了C#编程语言和数据库知识后就可以学习ASP.NET技术了。ASP.NET技术主要用于开发动态网页，也是从事.NET开发必须要掌握的技术。本章学习ASP.NET入门知识。

学习目标

(1) 理解C#和ASP.NET之间的关系。
(2) 了解B/S、C/S、静态网页和动态网页的含义。
(3) 能熟练安装Visual Studio 2022。
(4) 能初步创建ASP.NET Web项目。
(5) 理解页面的运行原理。

思政目标及设计建议

根据新时代软件工程师应该具备的基本素养，挖掘课程思政元素，有机融入教学中，本章思政目标及设计建议如表1-1所示。

表1-1 第1章思政目标及设计建议

思政目标	思政元素及融入
培养自觉的规范意识和职业道德素养	讲解Web之间的数据传输要遵守HTTP，类比到不管作为学生还是职员都要遵守相应的规则制度
培养自主探索、敬业、专注的工匠精神	通过课前自主学习，培养自主探索、敬业、专注的工匠精神

1.1 C#和ASP.NET的关系

1. C#

C#是Microsoft公司为.NET量身定做的编程语言，它是从C和C++中派生出来的，具有像C++一样强大的功能；同时，由于是Microsoft公司的产品，它又具有像Visual Basic一样简单的特点；对于Web开发而言，C#则像Java。C#是一流的面向组件的语言，所有的语言元素都是真正的对象。C#可以开发功能强大和可重用的软件，所有的.NET Framework中的基类库(Base Class Library)都是由C#编写的。

2. ASP.NET

ASP.NET 是一种功能强大、非常灵活的服务器端技术，是建立在公共语言运行库(Common Language Runtime，CLR)上的编程框架。除了 ASP.NET 技术外，常见的开发动态网页的技术还有 JSP、PHP 等。

简而言之，ASP.NET 是 Microsoft 推出的一种基于.NET Framework 平台的 Web 开发技术，而 C# 是 Microsoft 为.NET Framework 平台量身定做的语言。采用 ASP.NET 技术来开发 Web 项目，首选 C# 来编写代码。

1.2 Web 基础知识

1. B/S 架构和 C/S 架构

大部分项目都可以分为 B/S 架构或 C/S 架构。ASP.NET 技术开发的 Web 项目属于 B/S 架构。B/S 架构和 C/S 架构的区别如下。

B/S 是 Browser/Server 的简写，也就是浏览器/服务器端的交互，如百度网站、新浪微博等。也就是说，客户端一般通过浏览器来访问，不需要用户另外安装软件，另外还有服务器端。

C/S 是 Client/Server 的简写，也就是客户端/服务器端的交互，如 QQ 软件、酷狗播放器等。也就是说，需要用户安装软件的客户端，同时也有服务器端。

2. 静态网页和动态网页

Web 项目一般包含静态网页和动态网页。如果网站的数据需要经常更新则需要使用动态网页，如大多数官网的新闻动态中的新闻，而一些网站的宣传页面一般都是静态网页。它们的区别如下。

动态网页是指会与服务器发生数据交互的网页，即网页的内容会发生改变的页面。

静态网页是指与服务器不会发生数据交互的网页，即网页内容不会变化的页面。

3. URL

URL 也被称为网址，一个 URL 中包含 Web 服务器的主机名、端口号、资源名以及所使用的网络协议。例如：

```
http://www.jift.edu.cn:80/index.htm
```

在上面的 URL 中，“http”表示传输数据所使用的协议；“www.jift.edu.cn”表示要请求的服务器主机名；“80”表示要请求的端口号，80 端口号可以省略，因为默认使用的端口号是 80；“index.htm”表示要请求的页面，也可以是其他的资源，如视频、音频、文件等。

1.3 Visual Studio 2022 安装

Visual Studio 2022 仅在 64 位版本的 Windows 10 版本和 Windows Server 2016 及更高版本上受支持。

(1) 进入微软官网下载 Visual Studio 2022，选择社区版(Community)下载，因为社区版是对个人免费的，下载下来的是扩展名为.exe 的可执行文件，比较小，大约为 2MB。

（2）双击打开下载的 exe 文件，稍后弹出如图 1-1 所示提示界面。

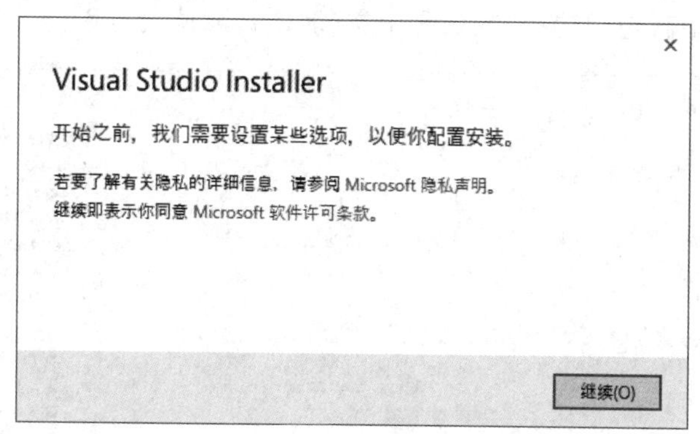

图 1-1　Visual Studio 2022 安装前提示界面

（3）单击“继续”按钮，会出现如图 1-2 所示界面，稍等一会儿后，进入如图 1-3 所示页面。

图 1-2　准备 Visual Studio 2022 安装程序界面

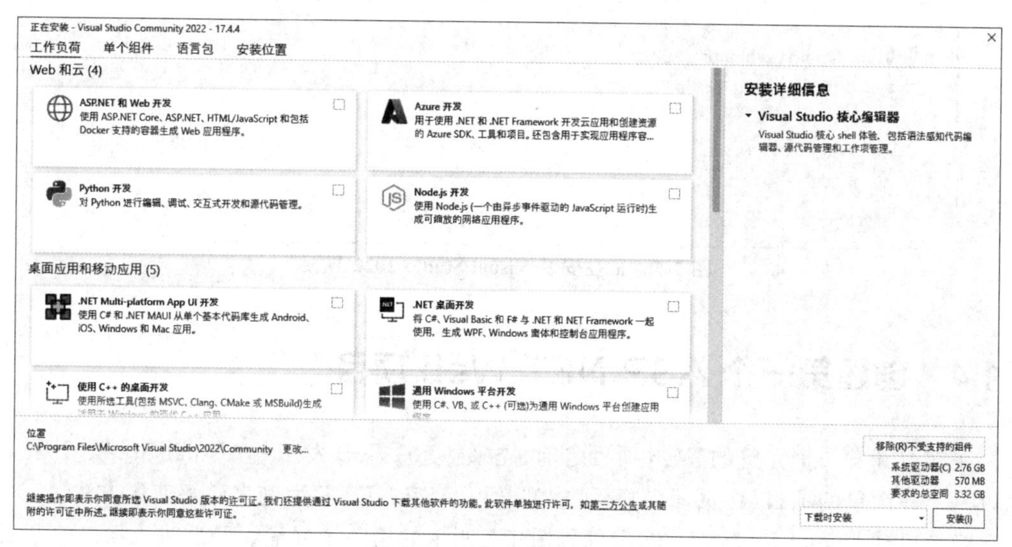

图 1-3　工作负荷选择界面

通过图 1-3 所示界面选择要安装的工作负荷：ASP.NET 和 Web 开发、Python 开发、.NET 桌面开发、通用 Windows 平台开发、Visual Studio 扩展开发等。

(4) 如果不想安装在 C 盘,想切换安装位置,打开“安装位置”选项卡,在这里更改为 D 盘,如图 1-4 所示。语言包的选择,默认是中文(简体),默认就可以。

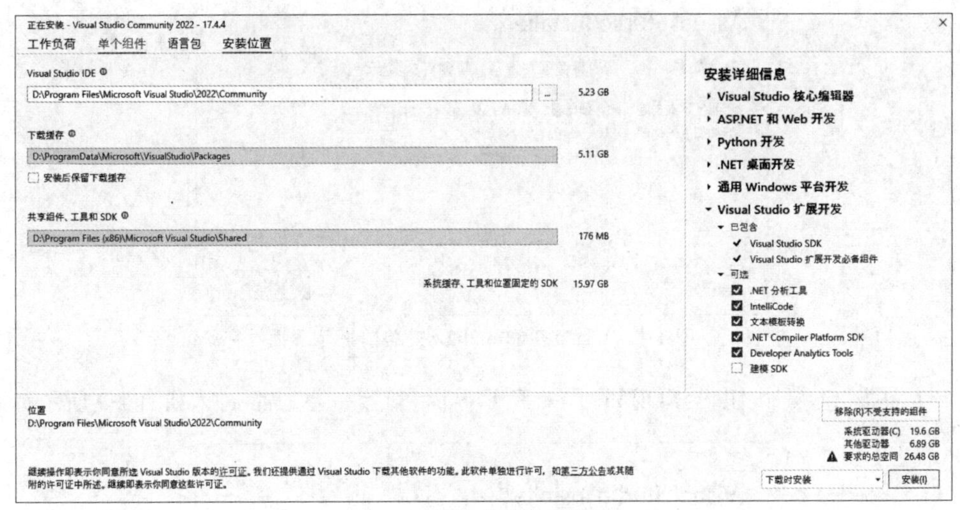

图 1-4　切换安装位置界面

(5) 单击图 1-4 右下方选择“下载时安装”或“下载完成后安装”都可以。然后单击“安装”按钮。

(6) 单击“安装”按钮后进入安装页面,如图 1-5 所示,勾选“安装后启动”复选框,安装完之后会自动启动安装好的 Visual Studio 2022。

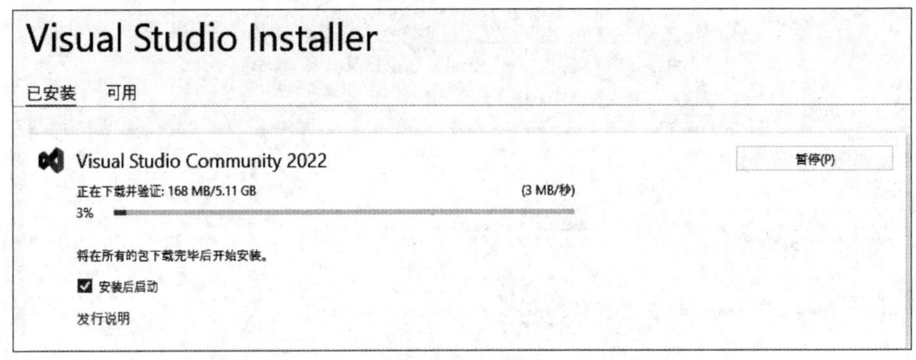

图 1-5　正在安装 Visual Studio 2022 界面

1.4　创建第一个 ASP.NET Web 项目

在学习开发一个完整的 Web 项目之前,先来熟悉一下开发工具 Visual Studio 2022,下面以一个最简单的项目(在页面上显示“欢迎学习 ASP.NET”)为例来讲解使用方法。

双击启动 Visual Studio 2022 看到如图 1-6 所示的第一个界面。稍后进入第二个界面,如图 1-7 所示。在该界面中单击“创建新项目”按钮,进入如图 1-8 所示创建新项目设置界面。在该界面的左侧显示最近使用的项目模板,右侧的上面可以选择要使用的语言(如 C#)、项目运行的平台和项目的类型(如 Web)。

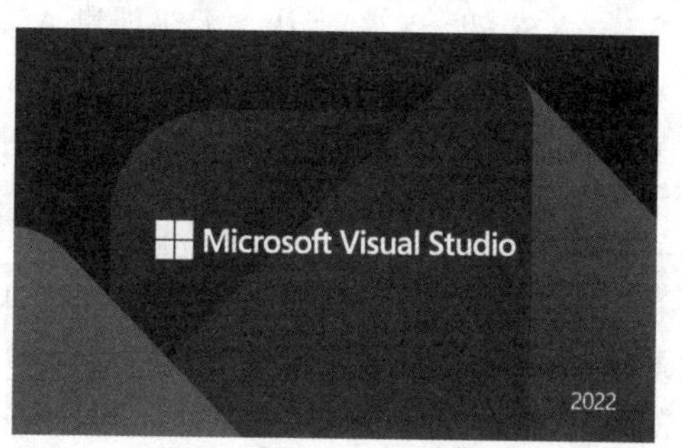

图 1-6　启动 Visual Studio 2022 的第一个界面

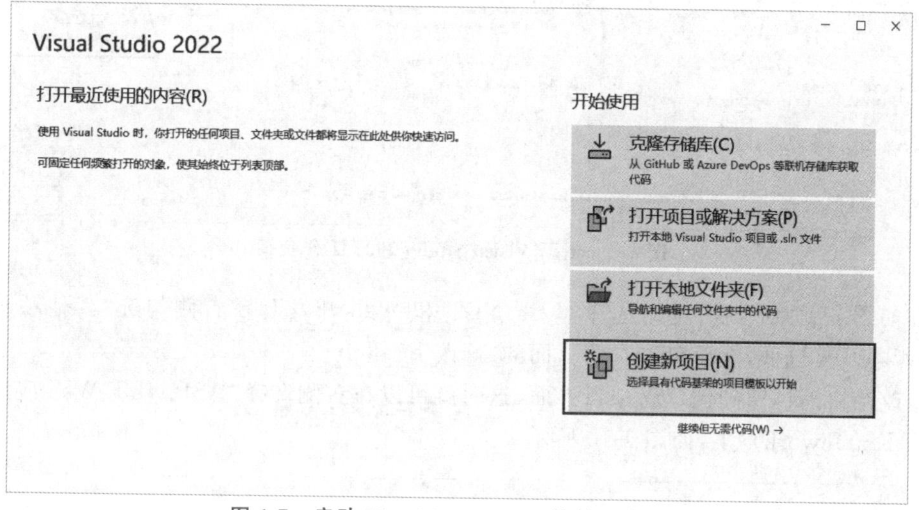

图 1-7　启动 Visual Studio 2022 的第二个界面

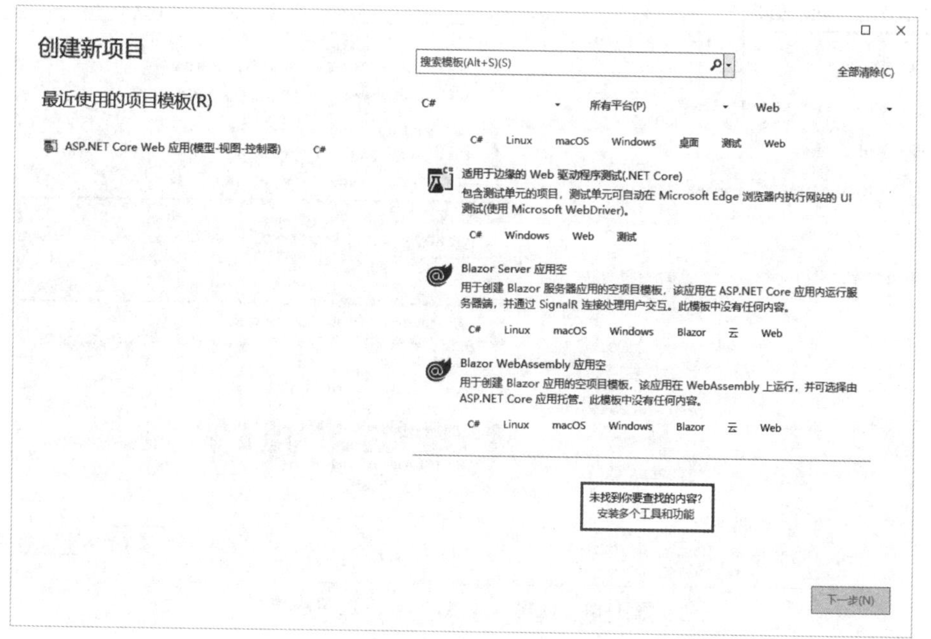

图 1-8　创建新项目界面

说明：上面安装好的 Visual Studio 2022 默认是无法创建 ASP.NET Web 项目的，在如图 1-8 所示创建新项目界面的下面单击“安装多个工具和功能”，弹出如图 1-9 所示界面。

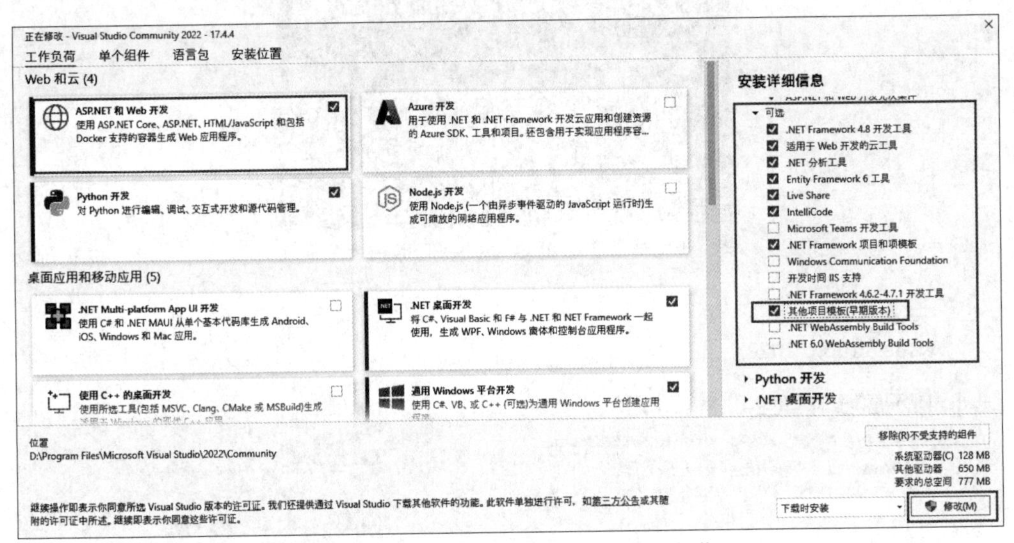

图 1-9　更新 Visual Studio 2022 工作负荷

在如图 1-9 所示界面左侧选择“ASP.NET 和 Web 开发”，在右侧勾选“其他项目模板(早期版本)”复选框，然后单击右侧下面的“修改”按钮。

修改结束后再回到创建新项目界面，这时就可以在右侧选择“ASP.NET Web 应用程序(.NET Framework)”了，如图 1-10 所示。

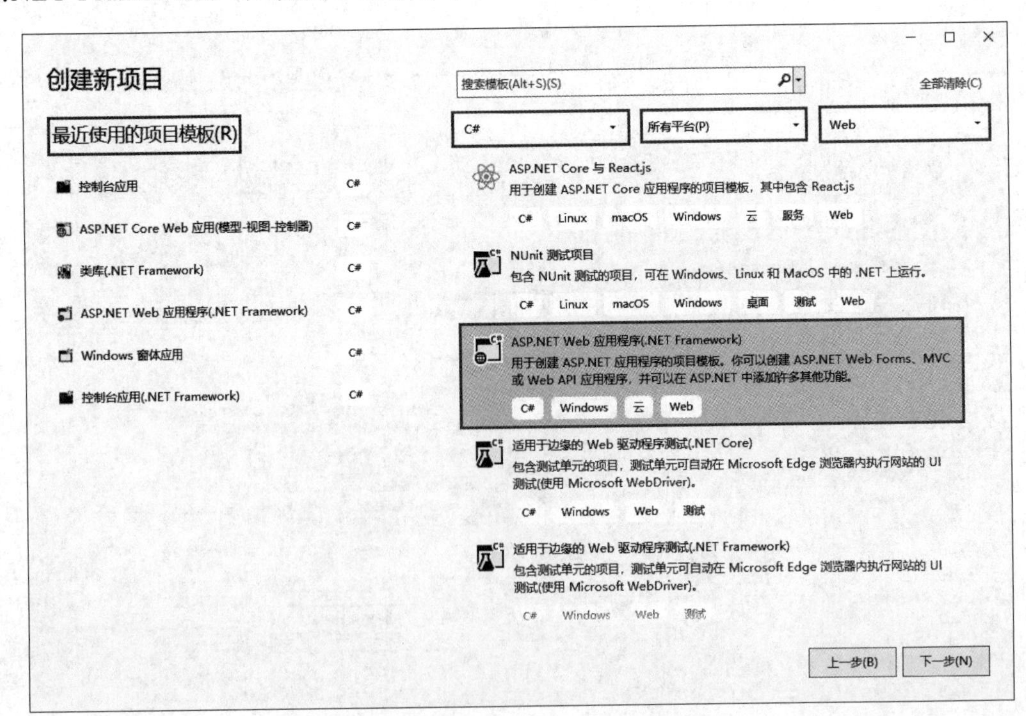

图 1-10　创建 ASP.NET Web 应用程序

单击“下一步”按钮进入如图 1-11 所示配置新项目界面，在此设置项目名称，选择项目存放位置、解决方案名称和框架，如图 1-11 所示。

配置新项目
ASP.NET Web 应用程序(.NET Framework)　C#　Windows　云　Web
项目名称(J)
FirstWebDemo
位置(L)
E:\2023年上半年\学院工作\教学\教材编写\Demo\
解决方案名称(M)
NETFrameworkDemo1
将解决方案和项目放在同一目录中(D)
框架(F)
.NET Framework 4.7.2
上一步(B)　创建(C)

图 1-11　配置新项目界面

解决方案和项目的关系就如同文件夹和文件的关系，一个解决方案可以包含多个项目。

单击“创建”按钮进入如图 1-12 所示创建新的 ASP.NET Web 应用程序界面，在此选择 ASP.NET Web 应用程序的类型，这里选择“空”类型，然后单击右下角的“创建”按钮，稍后即进入如图 1-13 所示的 Visual Studio 2022 开发界面。

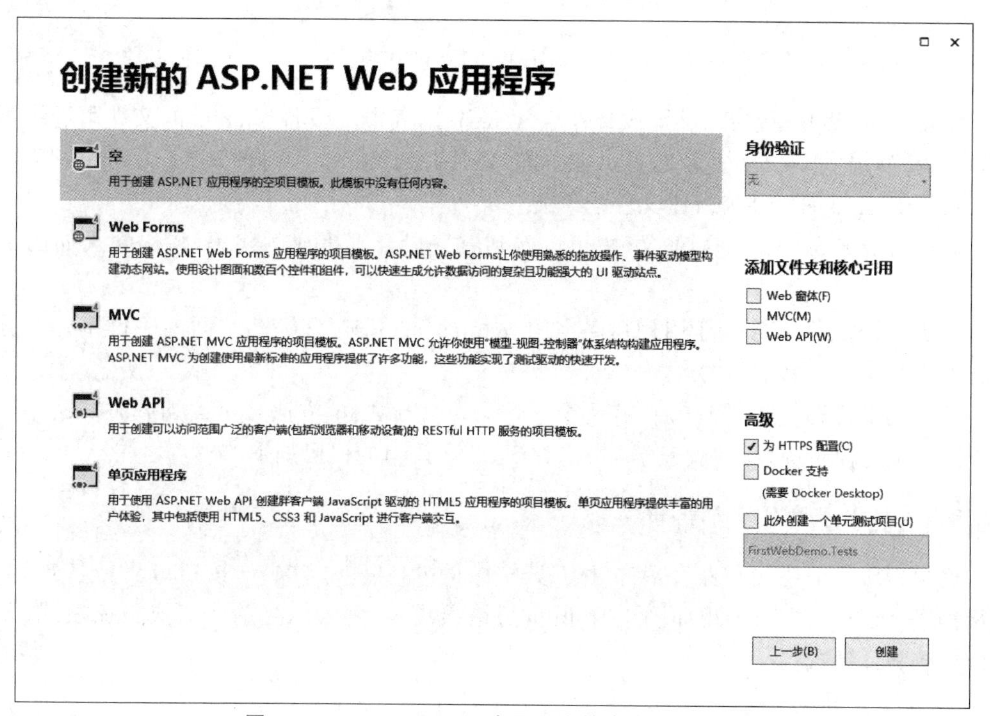

图 1-12　ASP.NET Web 应用程序的类型选择界面

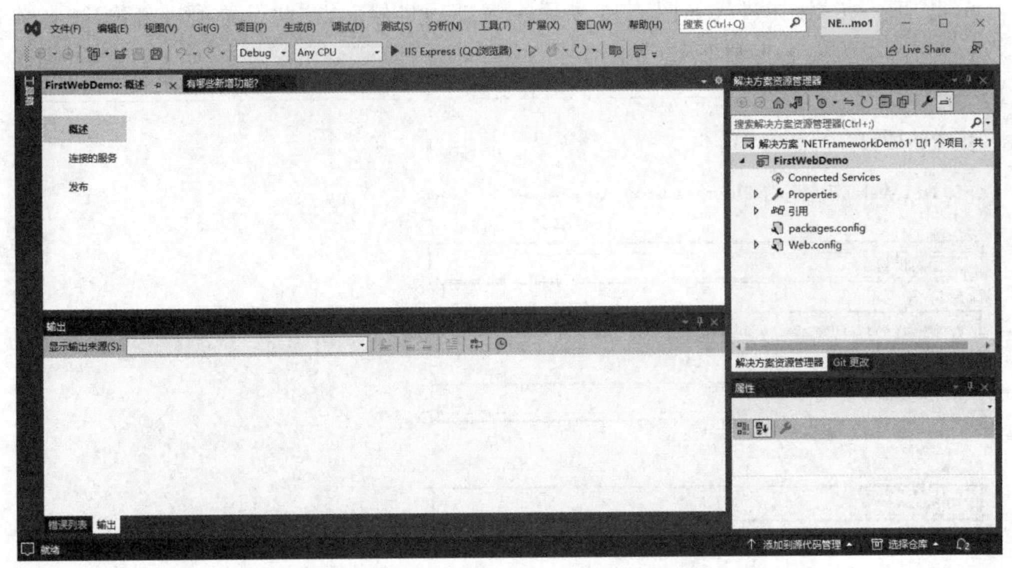

图 1-13　Visual Studio 2022 开发界面

右击项目 FirstWebDemo，在弹出的快捷菜单中选择“添加”，然后再选择“Web 窗体”，弹出如图 1-14 所示的对话框，输入 Web 窗体名称，这里保留默认名称 WebForm1，之后单击“确定”按钮，即可为当前项目添加一个 Web 窗体。

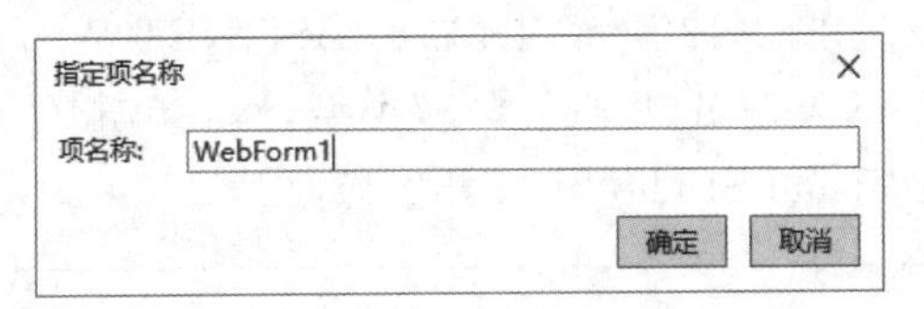

图 1-14　指定 Web 窗体名称界面

创建一个 Web 窗体文件后，该文件包含三部分，其中后缀名为.aspx 的文件用于编写页面展示和布局代码，后缀名为.aspx.cs 的文件用于编写对应的逻辑代码，后缀名为.aspx.designer.cs的文件为窗体文件的说明。

双击后缀名为“.aspx.cs”的文件，可以看到有一段自动生成的代码，代码含义如图 1-15 所示。

说明：using 关键字用于引用命名空间，namespace 是定义命名空间的关键字。所有代码必须写在定义命名空间的{ }内。

编写逻辑代码。在图 1-15 中找到 Page_Load()方法，该方法在页面加载时被调用。在该方法中编写向页面发送“欢迎学习 ASP.NET”字符串的代码如下。

```
Response.Write("欢迎学习 ASP.NET");
```

运行程序。上述代码保存后单击工具栏中的 IIS Express (QQ浏览器) 按钮或者按快捷键 F5 运行程序。运行后如果出现如图 1-16 所示的错误提示，则表示当前是集成验证模式，要改为非集成验证模式。

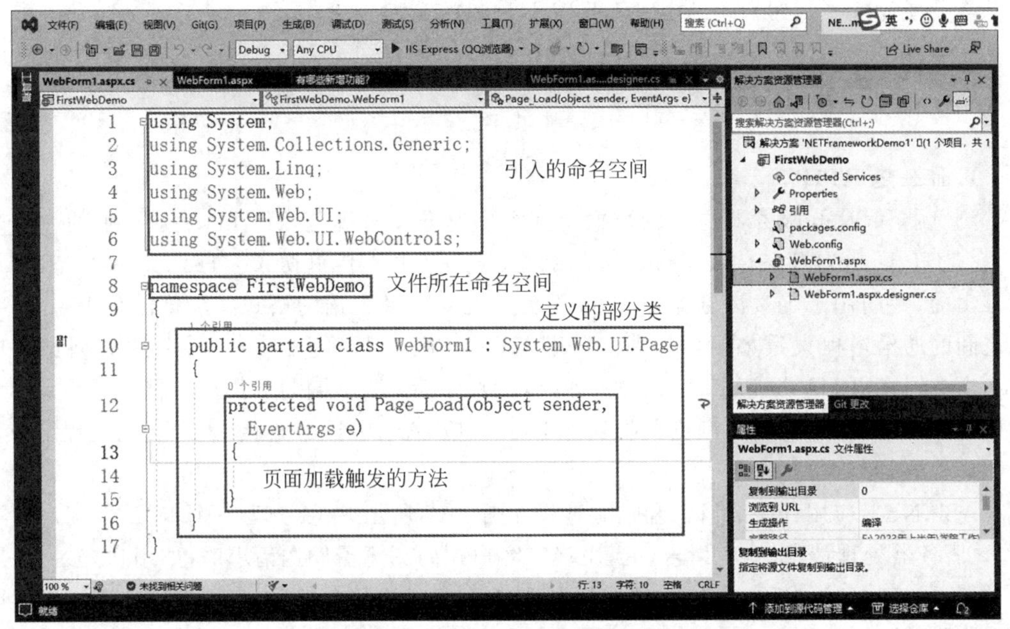

图 1-15　默认逻辑代码含义

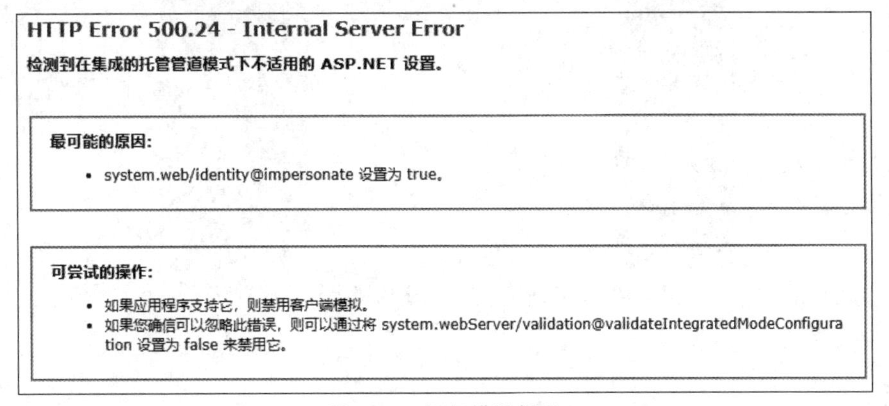

图 1-16　运行错误提示

解决方法：在项目的 Web.config 配置文件中添加如下代码。

```
<system.webServer>
    <validation validateIntegratedModeConfiguration="false" />
</system.webServer>
```

保存后再次运行，运行结果如图 1-17 所示，正常在页面输出“欢迎学习 ASP.NET”。

图 1-17　运行结果

至此便完成了创建一个 ASP.NET Web 项目的全部步骤。

1.5 页面运行原理

1. 什么是 HTTP

浏览器和 Web 服务器之间的数据交互需要遵守一些规范，HTTP 就是其中的一种规范，它是 Hypertext Transfer Protocol 的缩写，称为超文本传输协议。HTTP 是由 W3C 组织推出的，专门用于定义浏览器与 Web 服务器之间交换数据的格式。浏览器和 Web 服务器之间的通信过程大致如下：首先浏览器与 Web 服务器建立 TCP 连接，然后浏览器向 Web 服务器发出 HTTP 请求，Web 服务器收到 HTTP 请求后会做出处理，并将处理结果作为 HTTP 响应发送给浏览器，浏览器收到 HTTP 响应后关闭 TCP 连接，整个交互过程结束。

2. 页面运行原理

ASP.NET 应用程序的请求和响应过程如图 1-18 所示，主要分为三个步骤，即用户发送请求、服务器处理请求、响应请求。当用户在客户端向浏览器发送请求时，如用户登录、注册等，服务器接收到请求后，会对请求做出处理，处理完成相关数据后，将处理的响应结果返回到浏览器端。

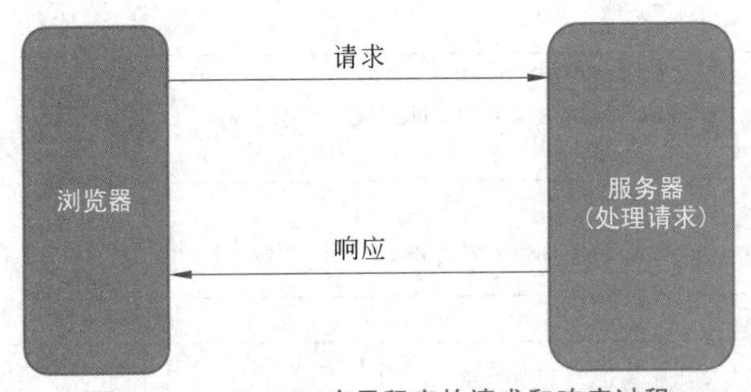

图 1-18　ASP.NET 应用程序的请求和响应过程

小结

本章主要介绍了 C# 和 ASP.NET 的关系、B/S 架构和 C/S 架构的含义、静态网页和动态网页的含义、URL 的含义、Visual Studio 2022 的安装、如何创建 ASP.NET Web 项目，以及页面运行原理等。

练习与实践

1. 简答题

(1) 简述 C# 和 ASP.NET 的关系。

(2) 浏览器和 Web 服务器是如何建立连接的？

2. 实践题

创建一个 ASP.NET Web 应用程序，在页面中输出“大家好”。

第 2 章　ADO.NET 数据库访问技术与应用

动态网页设计一般会涉及利用网页对数据库中的数据进行增、删、改、查，这就需要使用数据库访问技术，本章学习 ADO.NET 数据库访问技术，它是动态网页设计的基础。

学习目标

（1）掌握 ADO.NET 数据库访问技术的 5 大对象及基本步骤。

（2）能够在实际应用中使用 ADO.NET 对象操纵数据库。

（3）能够封装 SqlHelper 工具类。

（4）能够在实际开发中使用 SqlHelper 工具类。

思政目标及设计建议

根据新时代软件工程师应该具备的基本素养，挖掘课程思政元素，有机融入教学中，本章思政目标及设计建议如表 2-1 所示。

表 2-1　第 2 章思政目标及设计建议

思 政 目 标	思政元素及融入
培养责任担当与安全忧患意识	讲解如何防止注入式攻击时，类比到实际开发过程中要有责任担当与安全忧患意识等
培养精益求精的精神	通过应用 SqlHelper 工具类优化学生信息管理系统类比到要有精益求精的工匠精神
培养自主探索、敬业、专注的工匠精神	通过课前自主学习，培养自主探索、敬业、专注的工匠精神

2.1　ADO.NET 数据库访问技术理论

对数据库的访问是各种数据库应用程序开发的核心技术，.NET 框架中提出的 ADO.NET 技术屏蔽了各种数据库的差异性，为应用程序的开发提供了一致的接口，增强了程序的可移植性和可扩展性。下面以 ADO.NET 访问 SQL Server 数据库为例，讲解 ADO.NET 访问数据库技术的方法、步骤及核心代码。

2.1.1　使用连接对象 Connection 连接数据源

1. 认识 Connection 对象

连接对象的作用是在应用程序与指定的数据库之间建立连接，这是访问数据库的第一步。

针对 SQL Server 数据库需要使用的 SqlConnection 类，是一个实例类，通过它的构造方法即可生成 Connection 对象。该对象的主要属性如下。

ConnectionString：用来取得或设置连接数据库的连接字符串。有一定格式，对于连接不同类型的数据库其格式也有一定的差别。

State：表示当前数据库状态的值，用枚举类型 ConnectionState 的值表示。ConnectionState 是在 System.data 中定义的一个枚举类型，共有 5 个值来表示数据库的当前状态，如 Open 表示数据库已打开，Close 表示数据库已关闭。

2. 核心代码

核心代码及其含义如下。

```
using System.Data;                    //引入包含基本数据访问类的命名空间
using System.Data.SqlClient;          //引入包含 SQL Server 数据提供程序的命名空间
SqlConnection myconn =new SqlConnection();//定义并实例化一个 Connection 对象
myconn.ConnectionString ="Server=数据库服务器名;DataBase=数据名;Uid=用户名;
Pwd=密码";                            //使用 SQL Server 用户登录验证方式连接数据库
myconn.Open();                        //根据连接字符串，打开指定的数据库
```

注意：

(1) 若使用 Windows 验证方式连接数据库，连接的字符串如下。

```
myconn.ConnectionString="Data Source=数据库服务器名;initial catalog=数据库名;
Integrated Security=SSPI";
```

Integrated Security＝SSPI 表示 Windows 集成验证方式。

(2) 当数据库使用完毕后要及时关闭数据库的连接。

```
myconn.Close();
```

2.1.2 使用命令对象 Command 执行 SQL 语句操纵数据库

1. 认识 Command 对象

数据库连接打开后，接下来的工作就是操纵数据库，即对数据库执行增删改查，操纵数据库需要使用 SQL 语句或存储过程，而 ADO.NET 数据提供程序中的 Command 对象就可以用来实现对数据库的操纵。

Command 对象主要有以下三个属性。

(1) CommandText：获取或设置要对数据库执行的 SQL 命令、存储过程等。

(2) CommandType：获取或设置 CommandText 属性值代表的含义，如是一个普通 SQL 语句还是存储过程，如果是普通 SQL 语句无须设置，默认就是普通 SQL 语句。

(3) Connection：获取或设置 Command 对象执行命令时所使用的数据库连接对象。

在利用 Command 对象执行命令时，首先要对 CommandText 属性赋值，即指定 Command 对象将要执行的 SQL 语句，然后要告诉 Command 对象将要对其哪个数据库执行 SQL 语句，因为数据库是 Connection 对象打开的，因此将打开数据库的 Connection 对象赋值给 Command 对象的 Connection 属性即可。

Command 对象主要有以下三个方法。

（1）ExecuteNonQuery()：用于执行 Insert、Delete、Update 等无须返回记录的 SQL 语句，但它会返回执行操作后数据库受影响的行数。

（2）ExecuteScalar()：用于执行 SQL 语句，它会返回结果中首行首列的值，比较适合执行诸如带有聚合函数 Count()、Max()、Min()、Sum()等的查询操作。

（3）ExecuteReader()：比较适合返回多条记录的 Select 语句的执行工作，它执行之后将会产生 DataReader 对象，可以利用此对象完成对执行结果的读取操作。

说明：访问 SQL Server 数据库 Command 类名称是 SqlCommand。

2. 核心代码

核心代码如下。

```
string strsql = "select * from user where username='xzx'";
//实际开发时 SQL 语句需要根据实际需求来写
SqlCommand mycmd = new SqlCommand();
mycmd.CommandText = strsql;
mycmd.Connection = myconn;                          //前一节已生成
//mycmd.CommandType = CommandType.StoredProcedure;
SqlCommand mycmd = new SqlCommand(strsql, myconn);  //上面三条语句可合并为一条,实
                                                    //质是调用 SqlCommand 类的另
                                                    //一个构造方法
mycmd.ExecuteReader();
```

2.1.3　使用数据读取器对象 DataReader 读取数据

1. 认识 DataReader 对象

前面介绍 Command 对象时知道，它有 ExecuteReader()方法，比较适合执行返回多条数据记录的 SQL 语句，如“select * from table”语句。那么对于从数据库中返回的多条记录应该如何读取？这就需要数据读取器对象 DataReader 来完成这一任务。那么 DataReader 对象是如何产生的呢？是不是也是通过实例化产生呢？不是。2.1.2 节讲到 Command 对象在执行 ExecuteReader()查询数据库后，在返回数据记录的同时，将产生一个 DataReader 对象来指向所返回的记录集。

DataReader 对象的主要方法如下。

（1）Read()：使指针向前移动一行，并读取该行记录。例如，在第一次执行 Read()时，指针就会从初始位置指向第一行记录，就可以读取该行记录中字段的值了。需要注意的是，指针只能向前移动不能向后移动，也就是说，用户不可能读取了第二条记录之后再返回来读取第一条；并且只能读取指针所指向的记录而不能修改。总之，利用 DataReader 只能依次向前读取而不能修改数据库。Read()方法会返回一个布尔型值表明它是否读取到记录，当读取到记录时，它返回 true，否则返回 false。例如，当前指针已经指向了最后一条记录，如果再次执行 Read()，指针就会移动到最后记录的下方，当然此时已经不可能读取到记录了，因此，Read()就返回 false。程序中正是利用这个特点来判断记录是否已经读取完毕的。

（2）GetName()：获取指定字段的名称，使用方法是 GetName(字段序号)。例如，GetName(0)表示获取第 1 列字段的名称。

（3）GetString()：获取指针指向的当前行某字段的值，使用方式是 GetString(字段序

号)。例如,GetString(3)表示当前行中第 4 列字段的值,因为序号从 0 开始。

说明:GetString()方法只适合读取该字段是字符串类型的,如果是其他数据类型的字段,则用其他方法,例如,读取整型类型字段的数据用 dr.GetInt32(1),读取布尔类型字段的数据用 dr.GetBoolean(2),读取 Double 类型字段的数据用 dr.GetDouble(3)。

(4) GetOrdinal():获取某个指定字段的序号,使用方法是 GetOrdinal(name),name 为字段的名称。

说明:访问 SQL Server 数据库 DataReader 类名称是 SqlDataReader。

2. 典型代码

典型代码如下。

```
SqlDataReader dr;
dr=mycmd.ExecuteReader();
if (dr.Read())  //如果是多条记录要逐一读取,可以把 if 改为 while
{  …
   strName=dr.GetString(1);  //获取第 2 个字段的值
   …
}
else
{
                                //没读到数据执行的语句
}
```

DataReader 对象每次只能读取一条记录,因此效率高,占用内存资源比较少,比较适合以只读方式快速访问数据库的场合。但是使用它时,需要持续地和数据库保持连接,这也叫作在线式访问,如图 2-1 所示。当对数据库的访问量比较大时就会占用很多的连接资源,而且不能修改数据库中的记录。那怎么办呢?

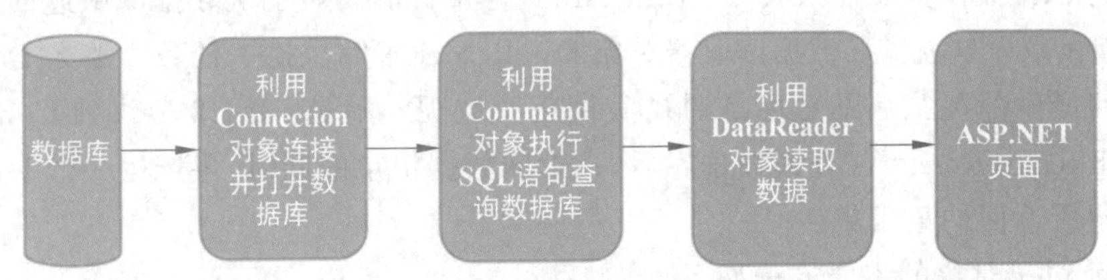

图 2-1 在线式访问数据库

2.1.4 使用数据集对象 DataSet 和数据适配器对象 DataAdapter 访问数据库

1. 理解 DataSet 和 DataAdapter 对象

前面介绍了在线式访问数据库的方式,这种方式如果程序中只是执行插入、修改、删除操作,都不需要用到 DataReader 对象,只需要利用 Command 对象执行相应的 SQL 语句即可。但是程序中想读取数据库中的记录值,则还需要借助 DataReader 对象来完成。但是 DataReader 只能依次向前读取而不能修改数据库中的记录,对数据的操作缺乏灵活性,并且需要和数据库保持在线连接,会占用很多连接资源,为此 ADO.NET 提供了 DataSet 对象克服了这些缺点。DataSet 称为数据集,它可以为用户提供全面的数据编辑功能,是访问数据库最为得力的助手。但是数据怎么到数据集 DataSet 中来呢?这就需要借助 DataAdapter

对象，DataAdapter 称为数据适配器对象。怎么来理解 DataSet 和 DataAdapter 对象呢？

DataSet 称为数据集，其实也是一个数据库，只不过它是真实数据库在内存中的一个副本，是由程序根据需要临时产生并放在内存中的，因此也可以形象地说它是真实数据库在内存中的一个影像，它可以包含真实数据库的全部表及表之间的关系，也可以根据需要只包含其中的一部分。此时，ASP.NET 程序就可以只针对这个临时的数据库进行各种操作，就像面对一个真实的数据库，并且操作的同时，到真实数据库的连接可以断开，这就大大提高了性能，因此这条访问途径也称为离线式访问。当各项操作都完成后，则可以再次连接实际数据库，一次性把改变后的结果写回真实数据库，实现真实数据库和它的影像数据库间数据的一致性。

DataSet 对象主要有两个集合属性和一个方法，具体如下。

(1) Clear()：调用这个方法会清空 DataSet 所有表中的现有数据。

(2) Tables 集合：包含所有的 DataTable 对象。可以用 Tables(序号)或 Tables(表名)的方式来访问里面的一个表对象。

(3) Relations 集合：包含所有的 DataRelation 对象。

DataTable 对象的主要属性和方法有以下几个。

(1) DefaultView：获取表的默认视图对象 DataView，用于对表进行排序、筛选和搜索等操作。

(2) TableName：获取表的名称。

(3) Columns：表中所有字段形成的集合。可以通过 Columns(序号)或 Columns(字段名)的方式访问表的字段对象。

(4) Rows：表中所有的行(记录)形成的集合。可以通过 Rows(序号)的方式访问表中的某一行。

(5) PrimaryKey：获取或设置用作表的主键的列。

(6) NewRow()：这是一个方法，用来生成一个新的空白行。

DataSet 作为真实数据库在内存中的影像是如何产生的(即真实数据库中的数据如何到内存 DataSet 中)？当用户对 DataSet 中的数据进行了更改后又是如何传回真实数据库中的？这就是 DataAdapter 对象的作用了，该对象就像一座桥梁架起了 DataSet 和对应的真实数据库间的沟通，如图 2-2 所示。只不过 DataAdapter 对象仍然需要借助 Command 和 Connection 来实现这一沟通。

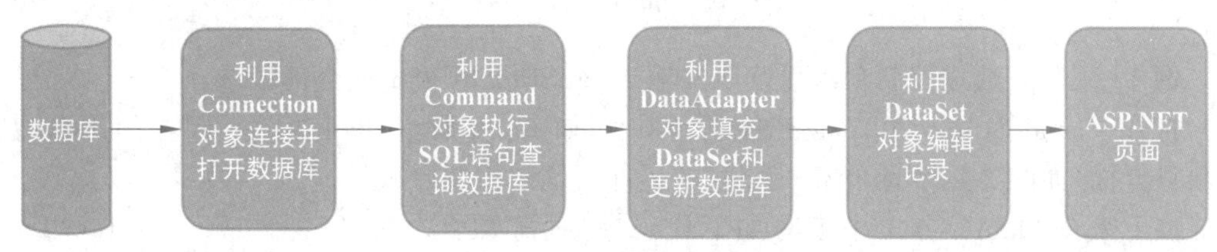

图 2-2　离线式访问数据库

DataAdapter 对象的常用属性和方法如下。

(1) SelectCommand：该属性值为一个 Command 对象，用来执行查询数据库中数据的 SQL 命令。

(2) InsertCommand：该属性的值，用来执行插入数据的 SQL 命令。

(3) DeleteCommand：该属性的值也为一个 Command 对象，用来执行删除数据的 SQL 命令。

(4) UpdateCommand：该属性的值也为一个 Command 对象，用来执行更新数据的 SQL 命令。

(5) Fill()：这是一个方法，执行该方法将会根据 SelectCommand 属性所设置的 SQL 语句查询数据库，并将结果加载到 DataSet 的表中，也叫填充 DataSet。一般使用格式是 Fill(数据集名，表名)。

(6) Update()：这是一个方法，用来将 DataSet 中更改了的数据写回真实数据库中，实现对数据库的真正修改。一般使用格式是 Update(数据集名)。

可以看出，DataAdapter 正是通过 Fill()和 Update()两个方法实现它作为桥梁的沟通，一方面将数据从数据库加载填充到 DataSet，另一方面将 DataSet 中修改了的数据更新到数据库中。

2. 核心代码

核心代码如下。

```
DataSet ds =new DataSet();//定义并实例化一个数据集(DataSet)对象
//strsql 为要执行的 SQL 语句,这里一般都为 select 语句
//myconn 为前面定义好的连接对象
SqlDataAdapter da =new SqlDataAdapter(strsql, myconn);
da.Fill(ds, TableName);//调用数据适配器的 Fill()方法把数据加载到 ds 的 TableName 表中。
//第 2 个参数 TableName 也可以没有,后续可以通过 ds.Tables[0]来获取填充表格里的数据。
//接下来就可以针对 TableName 表中数据进行处理了
```

假设 SQL Server 数据库中有一个名为 ASPNETDemoDataBase 的数据库，数据库中有一个名为 tabStudent 的表，表结构如图 2-3 所示，字段 stuID 为自增字段，里面有若干条记录。

	列名	数据类型	允许 Null 值
▶🔑	stuID	int	☐
	stuName	nvarchar(20)	☑
	stuSex	nvarchar(2)	☑
	stuAge	int	☑
			☐

图 2-3　tabStudent 表结构

例 1：现需要通过控制台项目读取并输出 tabStudent 表中的全部记录。

打开 Visual Studio 2022，创建控制台项目，如图 2-4 所示，单击“下一步”按钮进入配置新项目界面，如图 2-5 所示，单击“创建”按钮即可创建控制台项目。

接下来在 Main()方法中编写如下代码，同时需要引入命名空间 using System.Data.SqlClient。

```
static void Main(string[] args)
        {
            //1.实例化一个连接对象 myconn
            SqlConnection myconn =new SqlConnection();
            //1.1 通过属性设置如何连接数据库
```

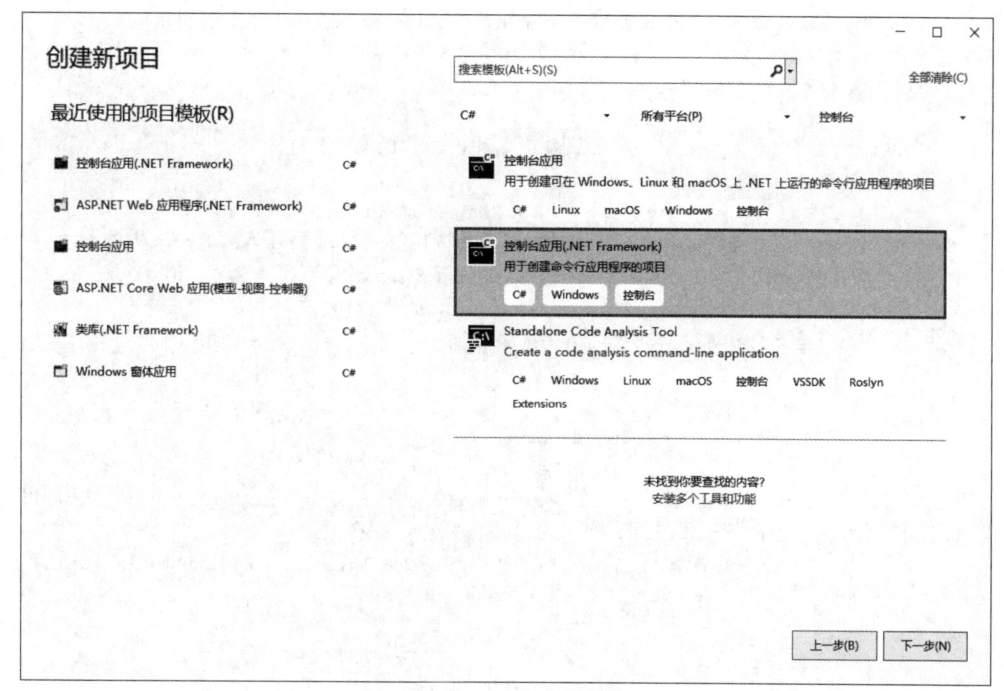

图 2-4　创建控制台项目界面

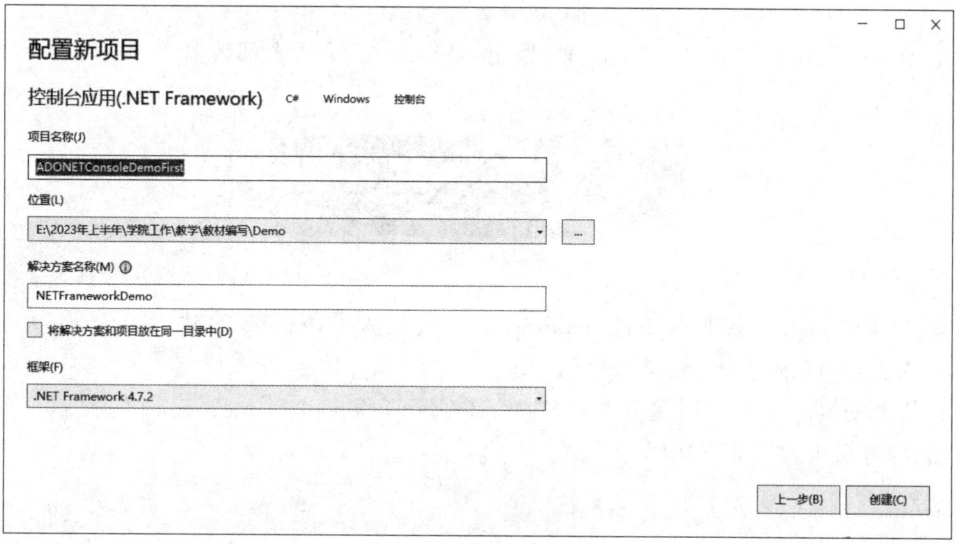

配置新项目
控制台应用(.NET Framework)　C#　Windows　控制台
项目名称(J)
ADONETConsoleDemoFirst
位置(L)
E:\2023年上半年\学院工作\教学\教材编写\Demo
解决方案名称(M)
NETFrameworkDemo
将解决方案和项目放在同一目录中(D)
框架(F)
.NET Framework 4.7.2
上一步(B)　创建(C)

图 2-5　配置新项目界面

```
            myconn.ConnectionString = "Server=.;DataBase=ASPNETDemoDataBase;
Uid=sa;Pwd=123456";
            //1.2 打开与数据库的连接
            myconn.Open();

            //2.实例化一个命令对象 mycmd,用于操纵数据库
            SqlCommand mycmd =new SqlCommand();
```

```
            //2.1 指明要对数据库进行的操作,即 SQL 语句
            string strsql ="select * from tabStudent";
            //2.2 把 SQL 语句赋值给 CommandText
            mycmd.CommandText =strsql;
            //2.3 设置 Connection 属性为前面已生成的 myconn
            mycmd.Connection =myconn;
            //SqlCommand mycmd =new SqlCommand(strsql, myconn);
            //上面几条语句可合并为一条,实质是调用 SqlCommand 类的另一个构造方法
            //2.4 调用 ExecuteReader()方法执行 SQL 语句,返回一个 DataReader 对象
            SqlDataReader dr =mycmd.ExecuteReader();
            //至此,dr 对象指向查询结果的最上面
            while (dr.Read())
            {
                int intid =dr.GetInt32(0);
                string strname=dr.GetString(1);
                string strsex=dr.GetString(2).ToString();//ToString()方法可以无
                int intage=dr.GetInt32(3);
                Console.WriteLine("id:" + intid + ", name:" + strname + ", sex:" +
strsex +",age:" +intage);
            }
            dr.Close();
            myconn.Close();
            Console.ReadKey();
        }
```

启动运行结果如图 2-6 所示,正确地输出 tabStudent 表中全部数据。

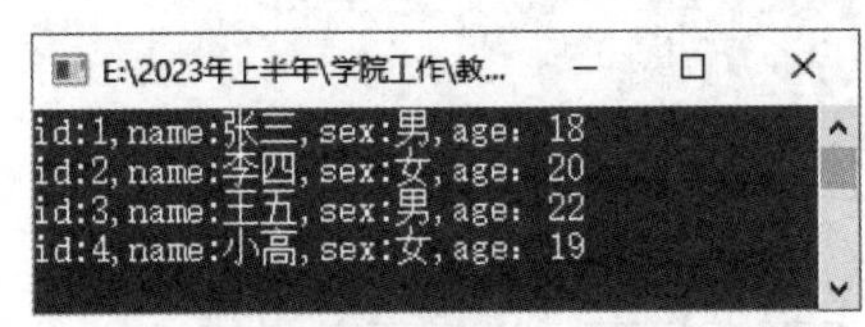

图 2-6 例 1 输出结果

例 2:现需要通过控制台项目向 tabStudent 表插入一条记录,其中,stuName 为小红,stuSex 为女,stuAge 为 23,请编写代码实现。

在例 1 的解决方案中创建一个名称为 ADONETConsoleDemoSecond 的控制台项目,在 Main()方法中编写如下代码。

```
static void Main(string[] args)
        {
            //1.实例化一个连接对象 myconn
            SqlConnection myconn =new SqlConnection();
            //1.1 通过属性设置如何连接数据库
             myconn.ConnectionString = "Server=.; DataBase= ASPNETDemoDataBase;
Uid= sa; Pwd=123456";
            //1.2 打开与数据库的连接
            myconn.Open();

            //2.实例化一个命令对象 mycmd,用于操纵数据库
```

```
            SqlCommand mycmd =new SqlCommand();
            //2.1 指明要对数据库进行的操作，即 SQL 语句
            //stuName 为小红，stuSex 为女，stuAge 为 23
            string strsql ="insert tabStudent values('小红','女',23)";
            //2.2 把 SQL 语句赋值给 CommandText
            mycmd.CommandText =strsql;
            //2.3 设置 Connection 属性为前面已生成的 myconn
            mycmd.Connection =myconn;
            int count=mycmd.ExecuteNonQuery();
            if(count >0)
            {
                Console.WriteLine("插入成功!");
            }
            Console.ReadKey();
        }
```

说明：与例 1 的不同之处在于要执行的 SQL 语句不一样，在本例中为插入语句，所以 Command 对象调用的方法不一样。另外，由于 stuID 为自增字段，所以 SQL 语句无须为它赋值。

注意：*解决方案的启动项设置为当前选定内容。*

思考：现需要通过控制台项目修改 tabStudent 表中某条记录的某字段值；删除 tabStudent 表中某条记录，请问实现代码与例 2 的代码主要区别在哪里？

——主要区别就是 SQL 语句不一样，调用的方法都是一样的。

例 3：现需要通过控制台项目求 tabStudent 表中年龄的平均值，请编写代码实现。

在例 1 的解决方案中创建一个名称为 ADONETConsoleDemoThree 的控制台项目，在 Main()方法中编写如下代码。

```
static void Main(string[] args)
        {
            //1.实例化一个连接对象 myconn
            SqlConnection myconn =new SqlConnection();
            //1.1 通过属性设置如何连接数据库
             myconn.ConnectionString = "Server=.;DataBase=ASPNETDemoDataBase;
Uid=sa;Pwd=123456";
            //1.2 打开与数据库的连接
            myconn.Open();
            //2.实例化出一个命令对象 mycmd，用于操纵数据库
            SqlCommand mycmd =new SqlCommand();
            //2.1 指明要对数据库进行的操作，即 SQL 语句
            //stuName 为小红，stuSex 为女，stuAge 为 23
            string strsql ="Select avg(stuAge) from tabStudent";
            //2.2 把 SQL 语句赋值给 CommandText
            mycmd.CommandText =strsql;
            //2.3 设置 Connection 属性为前面已生成的 myconn
            mycmd.Connection =myconn;
            object age_avg =mycmd.ExecuteScalar();
            Console.WriteLine("平均年龄是:"+age_avg);
            Console.ReadKey();
        }
```

说明：与例 2 的不同之处在于要执行的 SQL 语句不一样，在本例中为带聚合函数的查询语句，所以 Command 对象调用的方法为 ExecuteScalar()。

总结：ADO.NET 是.NET 框架中提出的全新的数据访问技术，有 5 大主要对象：Connection、Command、DataReader、DataSet 和 DataAdapter。该技术访问数据库的基本流程如下。

首先，使用相应数据提供程序中的 Connection 连接数据源，打开数据库。

其次，使用相应数据库提供程序中的 Command 对象执行 SQL 命令操纵数据库。

最后，利用相应的数据提供程序中的 DataReader 读取数据或利用数据集对象 DataSet 配合数据适配器对象 DataAdapter 处理数据。

2.2 ADO.NET 应用实战——学生信息管理系统

在学习了 ADO.NET 数据库访问技术的 5 大对象基本使用方法后，接下来通过一个实例——学生信息管理系统(以下简称实例)学习使用 ADO.NET 结合 Windows 窗体的用法。主要功能如下。

(1) 启动运行后以表格形式显示 student 表中全部数据。

(2) 专业列表框自动绑定 student 表中专业字段值(过滤掉重复字段值)。

(3) 可以通过学号、姓名、班级、专业 4 个字段的任意组合进行查询，查询结果以表格形式显示在下方。

(4) 双击表格空白处，可以删除对应行记录。

(5) 单击表格内容处，可以修改对应行记录。

(6) 单击“添加”按钮，可以实现添加学生信息。

使用的数据库为 ASPNETDemoDataBase，表为 student，该表结构如图 2-7 所示，其中，ID 字段为自增字段。

列名	数据类型	允许 Null 值
ID	int	☐
Num	varchar(10)	☐
Name	nvarchar(12)	☐
Sex	nvarchar(2)	☑
Age	int	☑
Class	nvarchar(30)	☐
Speciality	nvarchar(20)	☐
Phone	varchar(11)	☑

图 2-7 student 表结构

2.2.1 使用 WinForm 控件实现学生信息的增、删、改、查界面设计

在例 1 的解决方案下创建一个 Windows 窗体应用(.NET Framework)类型项目，如图 2-8 所示，单击“下一步”按钮，项目名称设置为 ADONETWindowsFormsDemo。

打开 Form1 窗体，向窗体中添加控件并重新命名。添加的控件类型、修改后的控件名(Name)如表 2-2 所示，4 个没有改控件名的 Label 控件没有列出来。添加控件后的窗体如图 2-9 所示。

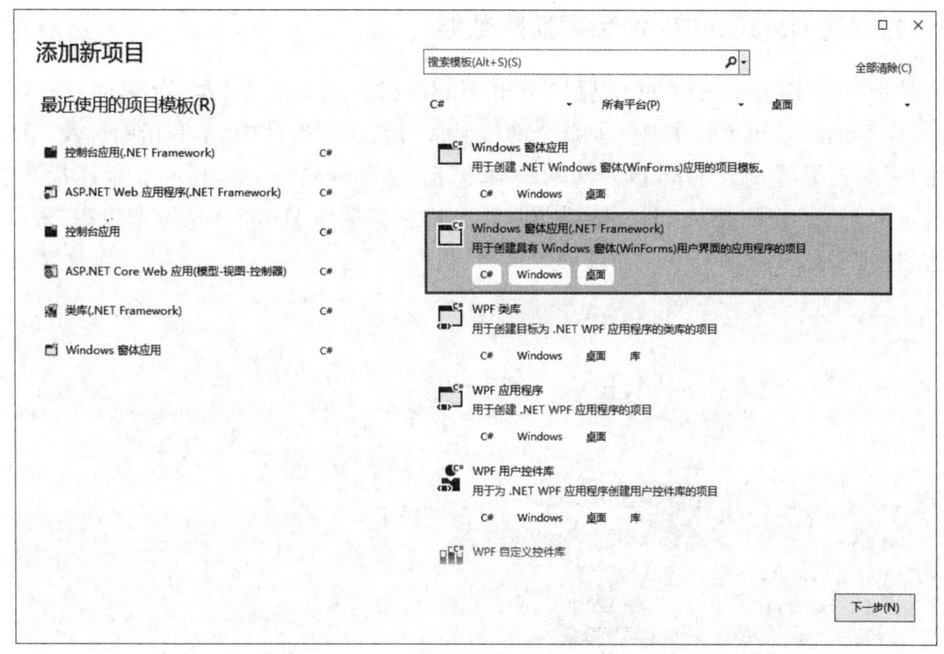

图 2-8　创建 Windows 窗体应用(.NET Framework)类型项目

表 2-2　学生信息管理系统主界面添加主要控件

添加的控件类型	修改后的控件名(Name)	说　明
TextBox	txtStuNum	学号
TextBox	txtStuName	学生姓名
TextBox	txtStuClass	学生班级
ComboBox	cmbSpeciality	专业
DataGridView	dataGridViewStuInfo	表格形式显示学生信息
Button	btnSelect	“查询”按钮
Button	btnAdd	“添加”按钮

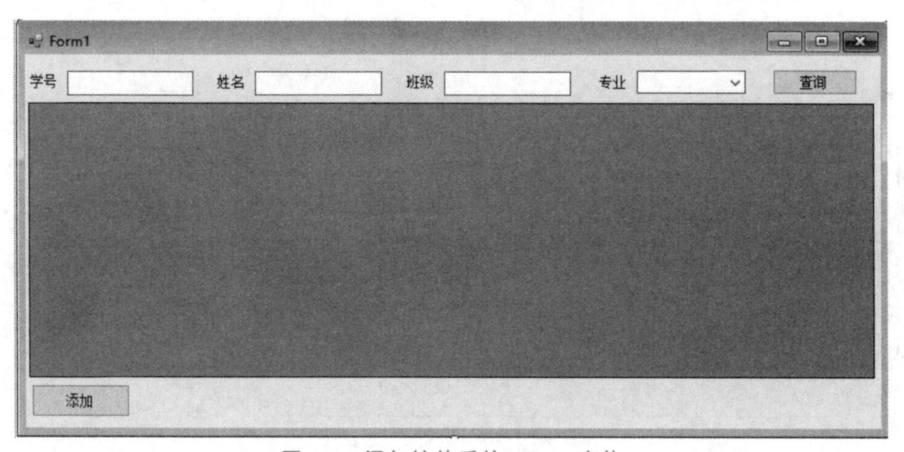

图 2-9　添加控件后的 Form1 窗体

2.2.2 为实例 DataGridView 绑定初始数据

启动运行后 DataGridView 中就显示出 student 表中的全部数据，这里通过代码来实现，即写在 Form1_Load 事件中。但是全部代码都写在这个事件中，不利于阅读及代码的重复使用，因此先编写一个方法，该方法的编写思路是：先通过 connection 对象连接数据库，然后通过 DataAdapter 把 student 表数据填充到内存数据库 DataSet 的某个表中，最后把该表中的数据作为 DataGridView 控件的数据源，代码如下。

```
private void DataGridViewDataLoad(string sql ="select * from Student")
{
    SqlConnection con =new SqlConnection();
    con.ConnectionString ="Server=.;DataBase=ASPNETDemoDataBase;Uid=sa;Pwd=
123456";
    con.Open();
    SqlDataAdapter adapter =new SqlDataAdapter(sql, con);
    DataSet ds =new DataSet();
    adapter.Fill(ds, "tabStu");
    con.Close();
    //为 DataGridView 绑定数据源
    dataGridViewStuInfo.DataSource =ds.Tables["tabStu"];
    //把第 1 列 ID 值隐藏
    //dataGridViewStuInfo.Columns[0].Visible =false;
}
private void Form1_Load(object sender, EventArgs e)
{
    DataGridViewDataLoad();
}
```

测试运行结果如图 2-10 所示。可以看到，此时 DataGridView 中显示的字段名都为数据库字段的原始名称，如何改为中文显示呢？只需要为查询 SQL 语句中字段名设置别名即可。即原始的 SQL 语句改为

```
string sql ="select ID,Num as '学号', Name as '姓名',Sex as '性别',Age as '年龄',
Class as '班级',Speciality as '专业',Phone as '电话'  from Student"
```

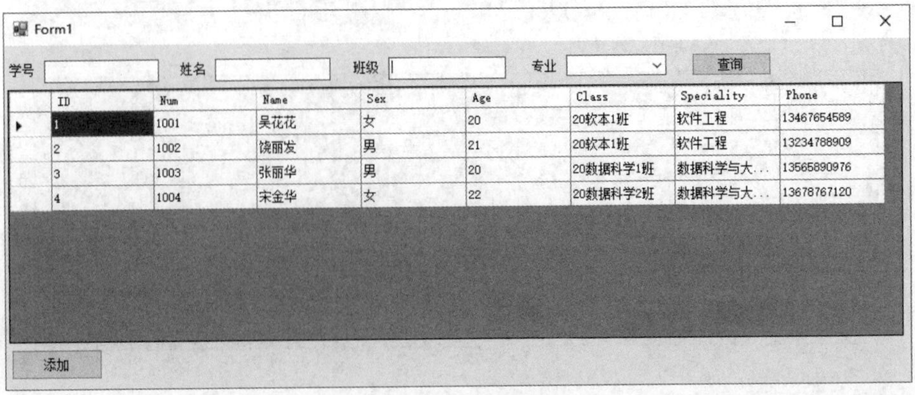

Form1

学号 姓名 班级 专业 查询

ID	Num	Name	Sex	Age	Class	Speciality	Phone
1	1001	吴花花	女	20	20软本1班	软件工程	13467654589
2	1002	饶丽发	男	21	20软本1班	软件工程	13234788909
3	1003	张丽华	男	20	20数据科学1班	数据科学与大...	13565890976
4	1004	宋金华	女	22	20数据科学2班	数据科学与大...	13678767120

添加

图 2-10　运行结果 1

同时,把上面注释的加粗代码取消注释,即把第 1 列 ID 值显示出来。

再次运行,结果如图 2-11 所示,此时字段均为中文显示。

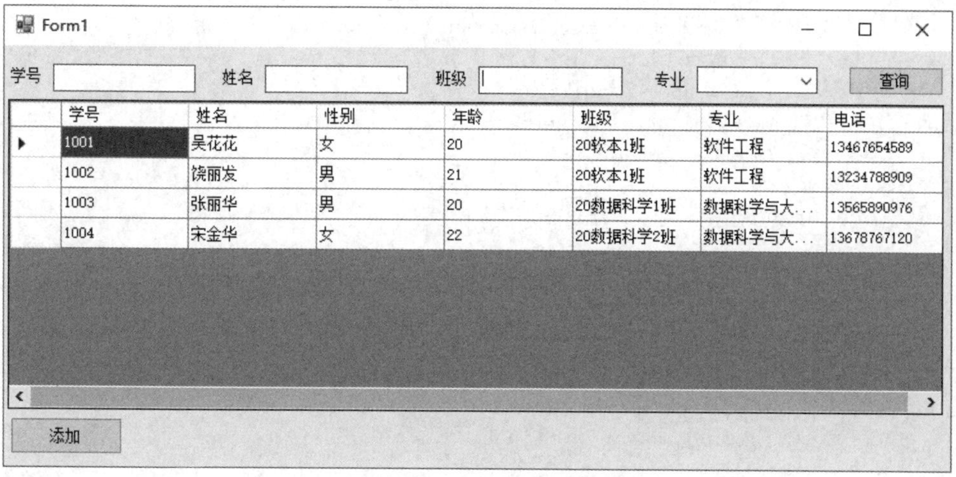

Form1

学号　姓名　班级　专业　查询

学号	姓名	性别	年龄	班级	专业	电话
1001	吴花花	女	20	20软本1班	软件工程	13467654589
1002	饶丽发	男	21	20软本1班	软件工程	13234788909
1003	张丽华	男	20	20数据科学1班	数据科学与大...	13565890976
1004	宋金华	女	22	20数据科学2班	数据科学与大...	13678767120

添加

图 2-11　运行结果 2

说明:

(1) 在查询语句中可否不查询 ID 值?

——在此处没问题,但是对后面的修改信息有影响。

(2) 把 DataGridView 中英文名称改为中文名称,除了使用 SQL 语句设置中文别名外,还可以通过类似以下语句实现。类似语句写在 DataGridViewDataLoad()方法的最后即可。

```
//把 Num 改为中文"学号"
dataGridViewStuInfo.Columns["Num"].HeaderText ="学号";
```

2.2.3　为实例的 ComboBox 加载数据

专业对应的控件类型为 ComboBox,系统启动后要自动根据 student 表的专业列(Speciality)的实际内容为 ComboBox 控件加载专业,过滤掉相同专业。封装一个方法,如 ComboBoxDataLoad(),代码编写思路:先连接数据库,然后执行 SQL 语句(查找 Speciality,且过滤掉重复数据),执行之后遍历读取查找到的数据(专业名称),并添加到 ComboBox 控件中。为了做到每次刷新时不重复加载专业数据,在前面要先清除列表框中的原有数据,并提供一个"全部"选择项,作为默认选择项,具体代码如下。

```
private void ComboBoxDataLoad()
        {
            //清除列表框中的原有数据
            cmbSpeciality.Items.Clear();
            //为列表框增加"全部"选择项
            cmbSpeciality.Items.Add("全部");
            //指定列表框中"全部"选择项为默认选择项
            cmbSpeciality.SelectedIndex =0;
            SqlConnection con =new SqlConnection();
```

```
            con.ConnectionString ="Server=.;DataBase=ASPNETDemoDataBase;Uid=
sa;Pwd=123456";
            string sql ="select distinct Speciality from student";
            SqlCommand cmd =new SqlCommand(sql, con);
            con.Open();
            SqlDataReader reader;
            reader =cmd.ExecuteReader();
            if (reader.HasRows)
            {
                while (reader.Read() ==true)
                {
                    string rs =reader[0].ToString();
                    cmbSpeciality.Items.Add(rs);
                }
            }
            reader.Close();
            con.Close();
        }
```

在 Form1_Load 事件中调用 ComboBoxDataLoad()方法，见如下加粗代码。

```
private void Form1_Load(object sender, EventArgs e)
        {
            DataGridViewDataLoad();
            ComboBoxDataLoad();
        }
```

运行测试，可以发现启动后 cmbSpeciality 列表框能根据 Speciality 字段内容自动绑定相应的专业数据并默认选择"全部"选项。

2.2.4 为实例实现学生信息查询功能

本节为实例实现通过学号、姓名、班级、专业 4 个字段的任意组合进行查询，查询结果以表格形式(借助 DataGridView 控件)显示在下方，并且姓名和班级支持模糊查询。

实现思路：这里关键是根据用户输入的条件拼接查询 SQL 语句，然后调用 DataGridViewDataLoad()方法即可。SQL 语句是一个字符串，涉及多个条件的拼接，使用高效字符串 StringBuilder。SQL 语句中如何拼接多个条件呢？查询条件先写 where 1=1，说明 1=1 是任意写的，只要两边相等即可，目的是方便后面的条件拼接，具体代码如下。

```
private void btnSelect_Click(object sender, EventArgs e)
        {
            string stuNum =txtStuNum.Text.Trim();
            string stuName =txtStuName.Text.Trim();
            string stuClass =txtStuClass.Text.Trim();
            string speciality =cmbSpeciality.Text.Trim();
            StringBuilder sql =new StringBuilder("select ID,Num as '学号', Name
as '姓名',Sex as '性别',Age as '年龄',Class as '班级',Speciality as '专业',Phone as
'电话' from student where 1=1");
            if (!String.IsNullOrEmpty(stuNum))
```

```
            {
                sql.Append(" and Num='" +stuNum +"'");
            }
            if (!String.IsNullOrEmpty(stuName))
            {
                sql.Append(" and Name like '%" +stuName +"%'");
            }
            if (!String.IsNullOrEmpty(stuClass))
            {
                sql.Append(" and Class like '%" +stuClass +"%'");
            }
            if (speciality !="全部")
            {
                sql.Append(" and Speciality ='" +speciality +"'");
            }
            DataGridViewDataLoad(sql.ToString());
        }
```

运行测试,能正确地根据用户输入的学号、姓名、班级、专业进行任意组合条件查询,并且姓名和班级支持模糊查询,如图 2-12 所示。

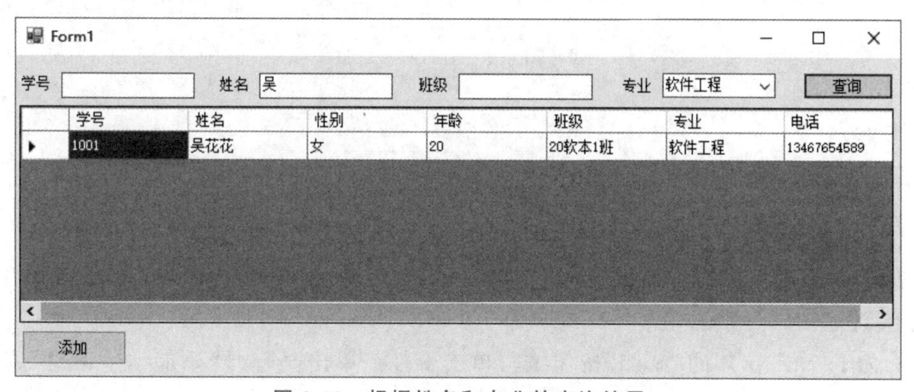

图 2-12　根据姓名和专业的查询结果

2.2.5　为实例实现添加数据功能

1. 设计添加功能界面

为当前项目 ADONETWindowsFormsDemo 添加一个窗体文件,名称取为 FrmAddStudent,然后向该窗体引入相应的控件,并修改其 Name 属性,见表 2-3,Label 类型控件没有写入。

表 2-3　添加学生信息界面添加的主要控件

添加的控件类型	修改后的控件名(Name)	说　明
TextBox	txtStuName	姓名
TextBox	txtStuNum	学号
TextBox	txtStuClass	班级
TextBox	txtSpeciality	专业

续表

添加的控件类型	修改后的控件名(Name)	说　明
TextBox	txtStuAge	年龄
TextBox	txtStuPhone	电话
Panel	Panel1	把"男"和"女"单选按钮作为一组
RadioButton	radioB	男
RadioButton	radioG	女
Button	btnSave	"提交"按钮
Button	btnClear	"清空"按钮

"添加学生信息"窗体创建完成后如图 2-13 所示。

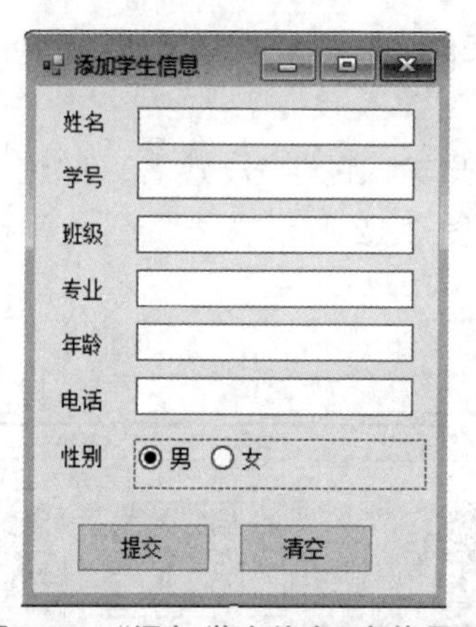

图 2-13 "添加学生信息"窗体界面

2. 实现添加学生信息功能

(1) 为 Form1 窗体的"添加"按钮编写单击事件。单击时打开"添加学生信息"窗体,添加完后要重新加载 student 表中数据和专业数据,具体代码如下。

```
private void btnAdd_Click(object sender, EventArgs e)
        {
            FrmAddStudent addstudent =new FrmAddStudent();
            addstudent.ShowDialog();
            //添加完记录后重新加载 student 表中数据
            DataGridViewDataLoad();
            //添加完记录后重新加载专业数据
            ComboBoxDataLoad();
        }
```

(2) 为"添加学生信息"窗体的"提交"按钮添加单击事件,具体代码及含义如下。

```
private void btnSave_Click(object sender, EventArgs e)
        {
            //获取用户输入的学生信息
            string stuName =txtStuName.Text.Trim();
```

```
            string stuNum =txtStuNum.Text.Trim();
            string stuClass =txtStuClass.Text.Trim();
            string speciality =txtSpeciality.Text.Trim();
            string stuPhone =txtStuPhone.Text.Trim();
            //根据用户的选择把性别转换成男或女
            string stuSex =radioB.Checked ==true ? "男" : "女";
            //年龄值防止用户输入不合法,如果不合法则用 0 表示
            int stuAge;
            Int32.TryParse(txtStuAge.Text.Trim(), out stuAge);
            if (String.IsNullOrEmpty(stuName) || String.IsNullOrEmpty(stuNum) ||
String.IsNullOrEmpty(stuClass) || String.IsNullOrEmpty(speciality))
            {
                MessageBox.Show("学号、姓名、班级、专业均不能为空");
            }
            else
            {
                SqlConnection con =new SqlConnection();
                con.ConnectionString = "Server=.;DataBase=ASPNETDemoDataBase;
Uid=sa;Pwd=123456";
                con.Open();
                //下面 SQL 语句使用占位符写法会更简洁
                string sql =string.Format("insert into student values('{0}','{1}',
'{2}','{3}',{4},'{5}','{6}')", stuNum, stuName, stuSex, stuAge, stuClass,
speciality,stuPhone);
                SqlCommand cmd =new SqlCommand(sql, con);
                int count =cmd.ExecuteNonQuery();
                if (count >0)
                {
                    MessageBox.Show("添加成功");
                }
                con.Close();
                //关闭当前窗体,回到主窗体
                this.Close();
            }
        }
```

(3) 为“添加学生信息”窗体的“清空”按钮添加单击事件,空值可以使用""或 string.Empty 表示,具体代码及含义如下。

```
private void btnClear_Click(object sender, EventArgs e)
        {
            txtStuNum.Text ="";
            txtStuName.Text ="";
            txtStuClass.Text ="";
            txtSpeciality.Text =string.Empty;
            txtStuAge.Text =string.Empty;
            txtStuPhone.Text =string.Empty;
            radioB.Checked=true;        //默认选择"男"
        }
```

启动运行测试，单击主窗体（Form1）中的“添加”按钮，打开“添加学生信息”窗体，然后输入学生相关信息，如图 2-14 所示。然后单击“提交”按钮，显示“添加成功”的提示并回到主窗体，并且在主窗体中显示了刚才添加的学生信息。

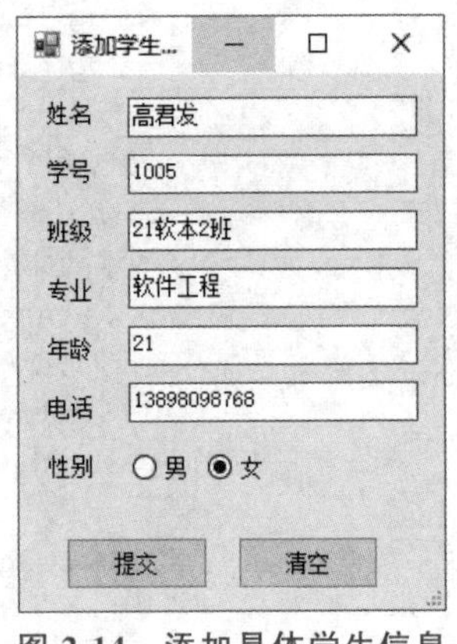

图 2-14　添加具体学生信息

2.2.6　为实例实现修改数据功能

本节实现单击 DataGridView 控件某内容时弹出“修改学生信息”窗体，然后在该窗体中可以修改学生信息。

1. 设计修改窗体界面

首先在当前项目下添加“修改学生信息”窗体 FrmUpdateStudent，然后引入相应控件。

说明：引入的控件和“添加学生信息”窗体一样，见表 2-3。

2. 功能实现

(1) 添加激发事件。单击 DataGridView 控件某内容激发的事件为 CellContentClick，事件结构如下。

```
private void dataGridViewStuInfo_CellContentClick(object sender,
DataGridViewCellEventArgs e){
}
```

实现思路主要是解决以下两个问题。

首先，要获取到单击的那条记录，即是要获取到对应记录的 ID，以便在修改窗口中修改对应的记录。如何获取呢？

使用 this.dataGridViewStuInfo.Rows[e.RowIndex].Cells[0].Value 这句即可获取，e.RowIndex 获取到单击的那一行，Cells[0]表示第 1 列，然后通过 Value 属性即可获取单击那一行的第 1 列的值。

然后，当前是在主窗体 Form1 中获取到的 ID，而实际使用时需要在修改窗体中使用，因为是要在修改窗体中根据 ID 去获取原来的值和修改原来的值。如何把获取到的 ID 传递到修改窗体的界面呢？

可以通过修改窗体的有参构造方法，也即在实例化修改窗体（FrmUpdateStudent）时传递 ID 到修改窗体中。当然，此时要在 FrmUpdateStudent 中把原无参构造方法改为含一个参数的构造方法，通过该构造方法获取从窗体过来的 ID 并传递出去，代码如下。

```
public partial class FrmUpdateStudent : Form
    {
        public int ID;
        public FrmUpdateStudent(int id)
        {
            ID =id;
            InitializeComponent();
        }
    }
```

主窗体 Form1dataGridViewStuInfo_CellContentClick()完整事件代码如下。

```
private void dataGridViewStuInfo_CellContentClick(object sender,
DataGridViewCellEventArgs e)
        {
            int id =Convert.ToInt32(this.dataGridViewStuInfo.Rows[e.RowIndex].
Cells[0].Value);
            FrmUpdateStudent updatestudent =new FrmUpdateStudent(id);
            updatestudent.ShowDialog();
            DataGridViewDataLoad();
            ComboBoxDataLoad();
        }
```

(2) 显示要修改记录的原始值。即为修改窗体的 Load 时添加事件代码,修改窗体 Load 时把对应记录的字段值赋值给相应文本框。其主要思路就是根据构造方法接收到 ID,根据该 ID 去查找记录,最后把相应记录字段值赋给对应的控件,具体代码如下。

```
private void FrmUpdateStudent_Load(object sender, EventArgs e)
        {
            SqlConnection con =new SqlConnection();
            con.ConnectionString ="Server=.;DataBase=ASPNETDemoDataBase;Uid=
sa;Pwd=123456";
            string sql ="select * from student where ID=" +ID;
            SqlCommand cmd =new SqlCommand(sql, con);
            con.Open();
            SqlDataReader dataReader;
            dataReader =cmd.ExecuteReader();
            if (dataReader.HasRows)
            {
                dataReader.Read();
                this.txtStuNum.Text =dataReader.GetString(1);
                this.txtStuName.Text =dataReader.GetString(2);
                if (!Convert.IsDBNull(dataReader[3]) && dataReader.GetString(3) ==
"女")
                {
                    this.radioG.Checked =true;
                }
                else
                {
                    this.radioB.Checked =true;
                }
                 this.txtStuAge.Text = Convert.IsDBNull(dataReader[4]) ? "" :
dataReader.GetInt32(4).ToString();
                this.txtStuClass.Text =dataReader.GetString(5);
                this.txtSpeciality.Text =dataReader.GetString(6);
                 this.txtStuPhone.Text = Convert.IsDBNull(dataReader[7]) ? "" :
dataReader.GetString(7);
            }
            dataReader.Close();
            con.Close();
        }
```

说明：由于 Sex、Age、Phone 字段可能为空，如果直接用类似 dataReader.GetString(序号)的代码读取，当对应序号字段为空时，GetString(序号)读取方式就会报错。而用 dataReader[序号]方式读取不会报错。所以上面相关三个字段都用 dataReader[序号]方式进行了处理。

(3) 实现修改记录值。即根据 ID 去修改原来的学生信息值，实现代码与实现添加功能代码基本一致，只不过是 SQL 语句改为 Update 语句，具体代码如下。

```
private void btnSave_Click(object sender, EventArgs e)
        {
            //获取用户输入的学生信息
            string stuName =txtStuName.Text.Trim();
            string stuNum =txtStuNum.Text.Trim();
            string stuClass =txtStuClass.Text.Trim();
            string speciality =txtSpeciality.Text.Trim();
            string stuPhone =txtStuPhone.Text.Trim();
            //根据用户的选择把性别转换成男或女
            string stuSex =radioB.Checked ==true ? "男" : "女";
            //年龄值防止用户输入不合法,如果不合法则用 0 表示
            int stuAge;
            Int32.TryParse(txtStuAge.Text.Trim(), out stuAge);
            if (String.IsNullOrEmpty(stuName) || String.IsNullOrEmpty(stuNum) ||
String.IsNullOrEmpty(stuClass) || String.IsNullOrEmpty(speciality))
            {
                MessageBox.Show("学号、姓名、班级、专业均不要能为空");
            }
            else
            {
                SqlConnection con =new SqlConnection();
                con.ConnectionString ="Server=.;DataBase=ASPNETDemoDataBase;
Uid=sa;Pwd=123456";
                con.Open();
                //下面的 SQL 语句使用占位符写法会更简洁
                string sql =string.Format("update student set Num ='{0}', Name =
'{1}',Sex ='{2}', Age ={3},Class ='{4}', Speciality ='{5}', Phone ='{6}' where ID =
{7}", stuNum, stuName, stuSex, stuAge, stuClass, speciality,  stuPhone,ID);
                SqlCommand cmd =new SqlCommand(sql, con);
                int count =cmd.ExecuteNonQuery();
                if (count >0)
                {
                    MessageBox.Show("更新成功");
                }
                con.Close();
                //关闭当前窗体,回到主窗体
                this.Close();
            }
        }
```

(4) 实现清空功能。具体代码与添加界面清空功能代码完全一样，此处略。

2.2.7　为实例实现删除数据功能

本节实现双击 DataGridView 控件空白处时弹出删除学生信息提示框，此时如果单击“确定”按钮即可删除学生信息，单击“取消”按钮不会执行删除操作。主要实现思路：获取双击处记录的 ID，然后根据 ID 执行删除操作，具体实现代码如下。

```
private void dataGridViewStuInfo_CellDoubleClick(object sender,
DataGridViewCellEventArgs e)
        {
            DialogResult result =MessageBox.Show("确定要删除吗?", "确定删除",
MessageBoxButtons.OKCancel);
            if (result ==DialogResult.OK)
            {
                int id =Convert.ToInt32(this.dataGridViewStuInfo.Rows
[e.RowIndex].Cells[0].Value);
                SqlConnection con =new SqlConnection();
                con.ConnectionString ="Server=.;DataBase=ASPNETDemoDataBase;
Uid=sa;Pwd=123456";
                con.Open();
                string sql ="delete from Student where ID=" +id;
                SqlCommand cmd =new SqlCommand(sql, con);
                int count =cmd.ExecuteNonQuery();
                if (count >0)
                {
                    MessageBox.Show("删除成功");
                }
                con.Close();
            }
            DataGridViewDataLoad();
            ComboBoxDataLoad();
        }
```

2.3　封装 SqlHelper 工具类与应用

从 2.2 节的代码可以看出，操作数据库的代码很多都是重复的，主要就是要执行的 SQL 语句不一样，在实际开发中为了提高项目的开发效率，通常将常用的数据库操作封装到一个工具类中，在后续的项目中就可以直接使用，无须重新编写代码。

2.3.1　参数化替换(SqlParameter)

当查询数据库的 SQL 语句中包含查询条件时，有可能出现 SQL 注入攻击漏洞，导致程序出现安全隐患，例如下面的查询语句，本意是查找用户名为“admin”、密码为“123456”的记录。

```
select * from login where username='admin' and pwd='123456'
```

但是用户在输入密码时可以输入 123456 or 1=1，即 SQL 语句就变成了如下。

```
select * from login where username='admin' and pwd='123456'or 1=1
```

那么这就改变了 SQL 的本意,变成用户名为“admin”,密码为“123456”或者 1=1 即可。也就是说,在不知道用户名和密码的情况下,只要密码部分输入了 or 1=1 就可以进入系统,给系统带来了安全隐患。这就属于注入式攻击。如何防止注入式攻击呢?

使用 SqlParameter 对象进行参数化替换。也就是先把条件参数值用占位符代替,即@变量名,可以这么理解:用户名和密码是什么变成了“填空题”,不管密码输入什么只能表示输入的是密码,这样就改变不了 SQL 语句的语义。然后创建 SqlParameter 对象替换查询条件,即指明占位符由具体的变量代替。最后将 SqlParameter 的对象添加到 SqlCommand 对象的 Parameters 属性中,示例代码如下。

```
string username="admin";
string pwd="123456";
string sql="select * from login where username =@username and pwd =@pwd";
SqlConnection con =new SqlConnection();
con.ConnectionString = "Server=.; DataBase=ASPNETDemoDataBase; Uid=sa; Pwd=
123456";
con.Open();
SqlCommand cmd =new SqlCommand(sql, con);
//上面的 SQL 语句有两个占位符,所以需要用 SqlParameter 数组;如果只有一个占位符,只需要
//类似 SqlParameter para=new SqlParameter("@admin",username)即可
SqlParameter[] paras =new SqlParameter[]{
            new SqlParameter("@admin",username),
            new SqlParameter("@pwd",pwd),
        };
//如果只有一个占位符使用 cmd.Parameters.AddRange(paras);
cmd.Parameters.AddRange(paras);
```

提示:防止注入式攻击也可以用存储过程代替普通 SQL 语句。

2.3.2 封装 SqlHelper 工具类

工具类指可以重复使用的功能代码,例如,数据库的连接、增、删、改、查操作。

从 2.2 节中可以看出多次用到连接数据库的代码,每次要对数据库操作时都要先连接数据库,而且连接数据库的密码如果修改了,就需要修改很多处。还有增加、删除、修改代码主要就是 SQL 语句不同,其他代码基本相同。那么把相同代码“提取”出来封装成一个可以重复使用的工具,这就是封装工具类,这种工具类一般取名为 SqlHelper。

说明:为了不覆盖 2.1 节~2.2 节源代码,直接复制一份 2.1 节~2.2 节源代码,然后在此基础上修改。

在 ADONETWindowsFormsDemo 项目下添加类 SqlHelper.cs,为了使该类使用范围更广、使用更方便,把默认修饰符 internal 改为 public static,即改为公共的静态类,静态类方便后面直接通过类名.方法名或类名.字段调用。接下来在该类中封装相关字段、方法。

1. 封装一个用于连接数据库的字段

在实际开发中连接数据库的字符串一般放在配置文件中,如果是 Windows 窗体应用程序就是 App.config 文件,如果是 Web 应用程序就是 Web.config 文件。在此为 App.config

文件，打开该文件，在<configuration></configuration>标签中添加如下代码。

```
<connectionStrings>
    <add name="connectionStr" connectionString="server=.;
database=ASPNETDemoDataBase;uid=sa;pwd=123456"/>
</connectionStrings>
```

上述代码中，<connectionStrings></connectionStrings>标签表示连接字符串集合，<add/>标签中的 name 属性表示连接字符串的名称，用于调用时唯一识别，connectionString 属性表示连接数据库的字符串。

接下来如何在 SqlHelper 工具类中引用到该连接数据库字符串呢？

需要用到 ConfigurationManager 类，也即需要引用 System.Configuration 命名空间，具体代码如下。

```
public static string constr =ConfigurationManager.ConnectionStrings
["connectionStr"].ConnectionString;// 获取连接字符串
```

说明：如果 System.Configuration.ConfigurationManager 包没有安装就需要先安装并添加引用。

上面 connectionStr 名称要与 App.config 中<connectionStrings>标签下<add/>标签中的 name 属性保持一致。

2. 封装执行增、删、改的方法 ExecuteNonQuery()

本身 Command 对象内置了执行增、删、改的方法 ExecuteNonQuery()，但是该方法没有重载，只有无参数的方法。而从 2.2 节可以发现，执行增、删、改操作时主要就是传递的 SQL 语句不一样，其他基本一样，因此可以改造重新封装一个执行增、删、改的方法，支持传递 SQL 语句作为参数，具体代码及含义如下。

```
//执行增、删、改方法。第 1 个参数的含义表示要执行的 SQL 语句，第 2 个参数为 SqlParameter[]
//数组，且前面加了高级参数 params，表示数组元素个数为任意。第 2 个参数含义通俗点讲就是
//看 SQL 语句里面有多少个占位符，那么 SqlParameter 对象就应该有多少个，指明每个占位符
//由哪个变量值替换
public static int ExecuteNonQuery(string sql, params SqlParameter[]pms)
        {
            //使用 using 关键字定义一个范围，在范围结束时自动调用这个类实例的 Dispose
            //处理对象，即会关闭 Connection 对象并释放资源
            using (SqlConnection con =new SqlConnection(constr))
            {
                //创建 Command 对象
                using (SqlCommand cmd =new SqlCommand(sql, con))
                {
                    //判断 sql 语句是否会有占位符
                    if (pms !=null)
                    {
                        //将参数添加到 Parameters 集合中，使得 cmd 对象要执行的 SQL 语
                        //句完整
                        cmd.Parameters.AddRange(pms);
                    }
```

```
                con.Open();
                //调用 cmd 对象内置的 ExecuteNonQuery(),返回对数据库的影响行数
                return cmd.ExecuteNonQuery();
            }
        }
    }
```

3. 封装执行返回首行首列值的方法 ExecuteScalar()

具体代码及含义如下。

```
//执行返回首行首列值,返回值类型为 object。第 1 个参数 sql 通常是一条带聚合函数的查询语
//句,第 2 个参数的含义同上
public static object ExecuteScalar(string sql, params SqlParameter[] pms)
{
    using (SqlConnection con =new SqlConnection(constr))
    {
        using (SqlCommand cmd =new SqlCommand(sql, con))
        {
            if (pms !=null)
            {
                cmd.Parameters.AddRange(pms);
            }
            con.Open();
            //调用 cmd 对象内置的 ExecuteScalar()
            return cmd.ExecuteScalar();
        }
    }
}
```

4. 封装执行返回值类型为 SqlDataReader 的方法 ExecuteReader()

具体代码及含义如下。

```
//执行查询返回 SqlDataReader 对象,第 1 个参数 sql 的查询往往有多行多列,第 2 个参数含义
//同上
public static SqlDataReader ExecuteReader(string sql, params SqlParameter[]
pms)
{
    //创建链接对象
    SqlConnection con =new SqlConnection(constr);
    //创建执行命令对象
    using (SqlCommand cmd =new SqlCommand(sql, con))
    {
        if (pms !=null)
        {
            cmd.Parameters.AddRange(pms);
        }
        try
        {
            //打开链接
            con.Open();
```

```
                //指定操作
                return cmd.ExecuteReader(System.Data.CommandBehavior.
CloseConnection);
                //关闭 DataReader 对象时,则关联的 Connection 对象也关闭
            }
            //报异常时关闭数据库销毁对象
            catch (Exception)
            {
                con.Close();
                con.Dispose();
                throw;
            }
        }
}
```

5. 封装执行返回值类型为 DataTable 的方法 ExecuteDataTable ()

具体代码及含义如下。

```
//返回值类型为 DataTable 的方法
        public static DataTable ExecuteDataTable(string sql, params SqlParameter[]
pms)
            {
                DataSet ds =new DataSet();
                //创建本地数据库对象
                DataTable dt =new DataTable();
                //创建适配器对象
                using (SqlDataAdapter adapter =new SqlDataAdapter(sql, constr))
                {
                    if (pms !=null)
                    {
                        adapter.SelectCommand.Parameters.AddRange(pms);
                    }
                    //读取数据填充到本地数据库对象中
                    adapter.Fill(ds, "t");//也可以不要第 2 个参数 t
                    dt =ds.Tables["t"];//这里 Tables 里的参数就可以改为 0,默认取第 1 个
                                        //表格
                }
                return dt;
            }
```

至此,SqlHelper 工具类就封装好了,封装了一个静态的用于获取连接数据库的字符串的字段和 4 个静态的用于执行不同类型的 SQL 语句和返回值类型不相同的方法。封装好的 SqlHelper 工具类可以在实际开发中直接使用。

2.3.3　应用 SqlHelper 类优化学生信息管理系统

本节就来使用封装好的 SqlHelper 工具类来优化 2.2 节的学生信息管理系统。

1. 优化主窗体 Form1.cs 中的代码

(1) 优化 DataGridViewDataLoad()方法。

优化后的代码简洁多了，通过工具类 SqlHelper 调用 ExecuteDataTable()方法执行 SQL 语句，即得到返回值类型为 DataTable 的 dt。

```
private void DataGridViewDataLoad(string sql ="select ID,Num as '学号', Name as
'姓名',Sex as '性别',Age as '年龄',Class as '班级',Speciality as '专业',Phone as
'电话' from student")
    {
        //由于 SQL 语句不含占位符,所以 ExecuteDataTable()方法的第 2 个参数可以不
        //写,或者写 null
        DataTable dt =SqlHelper.ExecuteDataTable(sql);
        //为 DataGridView 绑定数据源
        dataGridViewStuInfo.DataSource =dt;
        //把第 1 列 ID 值隐藏
        dataGridViewStuInfo.Columns[0].Visible =false;
    //dataGridViewStuInfo.Columns["Num"].HeaderText ="学号";
    }
```

说明：由于当前 SqlHelper 工具所在命名空间与 Form1.cs 所在命名空间是同一个，所以不需要导入 SqlHelper 工具类所在命名空间。如果是用在别的项目(不是 ADONETWindowsFormsDemo)，就需要导入 SqlHelper 工具类所在命名空间。

(2) 优化 ComboBoxDataLoad()方法，优化后的代码如下。

```
private void ComboBoxDataLoad()
    {
        //清除列表框原有内容
        cmbSpeciality.Items.Clear();
        //为列表框增加"全部"选择项
        cmbSpeciality.Items.Add("全部");
        //指定列表框中"全部"选择项为默认选择项
        cmbSpeciality.SelectedIndex =0;
        string sql ="select distinct Speciality from student";
        SqlDataReader reader=SqlHelper.ExecuteReader(sql)
        //reader.HasRows 为 true 表示上面方法 ExecuteReader()执行后有数据
        if (reader.HasRows)
        {
            while (reader.Read() ==true)
            {
                string rs =reader[0].ToString();
                cmbSpeciality.Items.Add(rs);
            }
        }
    }
```

(3) 优化 dataGridViewStuInfo_CellDoubleClick()事件，优化后的代码如下。

```
private void dataGridViewStuInfo_CellDoubleClick(object sender,
DataGridViewCellEventArgs e)
    {
        DialogResult result =MessageBox.Show("确定要删除吗?", "确定删除",
MessageBoxButtons.OKCancel);
```

```
            if (result ==DialogResult.OK)
            {
                int id = Convert. ToInt32 ( this. dataGridViewStuInfo. Rows [ e.
RowIndex].Cells[0].Value);

                string sql ="delete from Student where ID=@id";
                SqlParameter pam =new SqlParameter("@id", id);
                int count =SqlHelper.ExecuteNonQuery(sql,pam);
                if (count >0)
                {
                    MessageBox.Show("删除成功");
                }
            }
            DataGridViewDataLoad();
            ComboBoxDataLoad();
        }
```

2. 优化添加窗体 FrmAddStudent.cs 中的代码

主要就是优化 btnSave_Click()单击事件,优化后的代码如下。

```
private void btnSave_Click(object sender, EventArgs e)
        {
            //获取用户输入的学生信息
            string stuName =txtStuName.Text.Trim();
            string stuNum =txtStuNum.Text.Trim();
            string stuClass =txtStuClass.Text.Trim();
            string speciality =txtSpeciality.Text.Trim();
            string stuPhone =txtStuPhone.Text.Trim();
            //根据用户的选择把性别转换成男或女
            string stuSex =radioB.Checked ==true ? "男" : "女";
            //年龄值防止用户输入不合法,如果不合法则用 0 表示
            int stuAge;
            Int32.TryParse(txtStuAge.Text.Trim(), out stuAge);
            if (String.IsNullOrEmpty(stuName) || String.IsNullOrEmpty(stuNum) ||
String.IsNullOrEmpty(stuClass) || String.IsNullOrEmpty(speciality))
            {
                MessageBox.Show("学号、姓名、班级、专业均不能为空");
            }
            else
            {
                //下面的 SQL 语句使用占位符写法会更简洁
                string sql =string.Format("insert into student values('{0}',
'{1}','{2}',{3},'{4}','{5}','{6}')", stuNum, stuName, stuSex, stuAge, stuClass,
speciality,stuPhone);
                int count =SqlHelper.ExecuteNonQuery(sql);
                if (count >0)
                {
                    MessageBox.Show("添加成功");
                }
                //关闭当前窗体,回到主窗体
```

```
            this.Close();
        }
    }
```

3. 优化修改学生信息窗体 FrmUpdateStudent.cs 中的代码

(1) 优化 FrmUpdateStudent_Load()事件,优化后的代码如下。

```
private void FrmUpdateStudent_Load(object sender, EventArgs e)
    {
        string sql = "select * from student where ID=@id";
        SqlParameter pam = new SqlParameter("@id", ID);
        SqlDataReader dataReader;
        dataReader = SqlHelper.ExecuteReader(sql,pam);
        if (dataReader.HasRows)
        {
            dataReader.Read();
            this.txtStuNum.Text = dataReader.GetString(1);
            this.txtStuName.Text = dataReader.GetString(2);
            if (!Convert.IsDBNull(dataReader[3]) && dataReader.GetString(3) ==
"女")
            {
                this.radioG.Checked = true;
            }
            else
            {
                this.radioB.Checked = true;
            }
             this.txtStuAge.Text = Convert.IsDBNull(dataReader[4]) ? "" :
dataReader.GetInt32(4).ToString();
            this.txtStuClass.Text = dataReader.GetString(5);
            this.txtSpeciality.Text = dataReader.GetString(6);
            this.txtStuPhone.Text = Convert.IsDBNull(dataReader[7]) ? "" :
dataReader.GetString(7);
        }
    }
```

(2) 优化 btnSave_Click()事件,优化后的代码如下。

```
private void btnSave_Click(object sender, EventArgs e)
    {
        //获取用户输入的学生信息
        string stuName = txtStuName.Text.Trim();
        string stuNum = txtStuNum.Text.Trim();
        string stuClass = txtStuClass.Text.Trim();
        string speciality = txtSpeciality.Text.Trim();
        string stuPhone = txtStuPhone.Text.Trim();
        //根据用户的选择把性别转换成男或女
        string stuSex = radioB.Checked == true ? "男" : "女";
        //年龄值防止用户输入不合法,如果不合法则用 0 表示
        int stuAge;
```

```
            Int32.TryParse(txtStuAge.Text.Trim(), out stuAge);
            if (String.IsNullOrEmpty(stuName) || String.IsNullOrEmpty(stuNum) ||
String.IsNullOrEmpty(stuClass) || String.IsNullOrEmpty(speciality))
            {
                MessageBox.Show("学号、姓名、班级、专业均不能为空");
            }
            else
            {
                //下面的 SQL 语句使用占位符写法会更简洁
                string sql = string.Format("update student set Num = '{0}', Name =
'{1}',Sex = '{2}', Age = {3},Class = '{4}', Speciality = '{5}', Phone = '{6}' where ID =
{7}", stuNum, stuName, stuSex, stuAge, stuClass, speciality, stuPhone, ID);
                int count = SqlHelper.ExecuteNonQuery(sql);
                if (count > 0)
                {
                    MessageBox.Show("更新成功");
                }
                //关闭当前窗体,回到主窗体
                this.Close();
            }
        }
```

至此,全部优化完毕,可以发现去掉了很多关于操作数据库的重复代码,也提高了程序的安全性,后续程序维护也方便多了。例如,登录数据库的用户名、密码修改了,只要到 App.config 文件里修改一处即可。

小结

本章首先讲解了 ADO.NET 数据库访问技术的理论知识,然后结合应用 ADO.NET 数据库访问技术实现了学生信息管理系统,包括对数据的增、删、改、查功能,接着封装了 SqlHelper 工具类,最后应用 SqlHelper 工具类优化了学生信息管理系统。

练习与实践

1. 简答题

(1) 简单阐述 ADO.NET 中的 5 个主要对象及其作用。

(2) 简述 SqlConnection 类连接数据的过程。

2. 实践题

(1) 请编写一个程序,查询 MyData 数据库中员工表(employee)中的所有的数据(id,name,gender,salary)并输出在控制台。

(2) 请编写一个方法,查询 MyData 数据库中员工表(employee)中的所有的数据(id,name,gender,salary),并将查询结果存放到 DataSet 中。

(3) 完善本章实例——学生信息管理系统,要求使用 SqlHelper 工具类,并增加一个登录功能,成功登录后才进入主窗体。

提示:数据库中需要增加一张存储用户账户的表。

第 3 章　三层架构项目开发实战

第 2 章学习的信息管理系统可以理解为二层架构的项目，由用户（界面）直接访问数据库，这种项目运行效率高，但是如果用户需求发生改变，那么需要改动的地方往往会很多，甚至项目需要重新开发，也就是说，这种架构的项目不利于后续的维护。本章学习三层架构项目，三层架构项目有利于后续维护。

学习目标

（1）能够理解三层架构的思想。

（2）能够熟练开发三层架构的项目。

思政目标及设计建议

根据新时代软件工程师应该具备的基本素养，挖掘课程思政元素，有机融入教学中，本章思政目标及设计建议如表 3-1 所示。

表 3-1　第 3 章思政目标及设计建议

思 政 目 标	思政元素及融入
培养学生职业道德和职业素养	讲解项目为什么要分层时类比到随着企业的发展壮大，也要分层，以更好地对企业进行管理。三层架构的项目层与层之间访问是有严格顺序的，启发学生在学习工作中有问题要先找直接领导，一般不宜越级找领导，培养学生职业道德和职业素养
培养自主探索、敬业、专注的工匠精神	通过课前自主学习，培养自主探索、敬业、专注的工匠精神

3.1　三层架构的基础知识

3.1.1　三层架构的理解和作用

在生活中经常会见到分层的现象，例如，公司人员结构会分层，楼房是分层的，甚至做包子的笼屉都是分层的。虽然分层的目的各有不同，但都是为解决某一问题而产生的。所以，分层架构其实是为了解决某一问题而产生的一种解决方案。

从社会的发展来看，社会分工是人类进步的表现。社会分工的优势就是让适合的人做自己擅长的事情，使平均社会劳动时间大大缩短。

程序三层架构就是在项目开发过程中根据代码的不同功能，分别对代码进行存储与调用。通常分为表现层、业务逻辑层、数据访问层，这三层如何理解？我们通过去大饭店吃饭来形象的理解。如果到小餐馆吃饭，可能直接叫老板给我们炒菜，最后也是老板自己收钱，这种情况可以理解为二层架构。如果到大饭店吃饭，我们就是把需求（要点的菜）告诉服务员，由服务员将顾客的需求转交到厨房，然后由厨师做出相应的菜肴，并由服务员送到顾客餐桌上。这一过程中，厨师、服务员和顾客这三个角色可以分别表示为数据访问层、业务逻辑层和表现层，如图3-1所示。在这个过程中，根据顾客的需求不同，更换服务员和厨师都不影响顾客的需求，同样在项目开发中也是这样。

表现层（User Interface Layer，UIL）：主要用于存放与用户交互的展示页面。主要实现和用户的交互，接收用户请求或返回用户请求的数据结果的展现，而具体的数据处理则交给业务逻辑层和数据访问层去处理。

业务逻辑层（Business Logic Layer，BLL）：主要用于存放针对具体问题对数据进行逻辑处理的代码，起到承上启下的作用。

数据访问层（Data Access Layer，DAL）：主要用于存放对原始数据进行操作的代码，它封装了所有与数据库交互的操作，并为业务逻辑层提供数据服务。

因此，三层架构可以用图3-2表示，这也是一种最简易的三层架构。

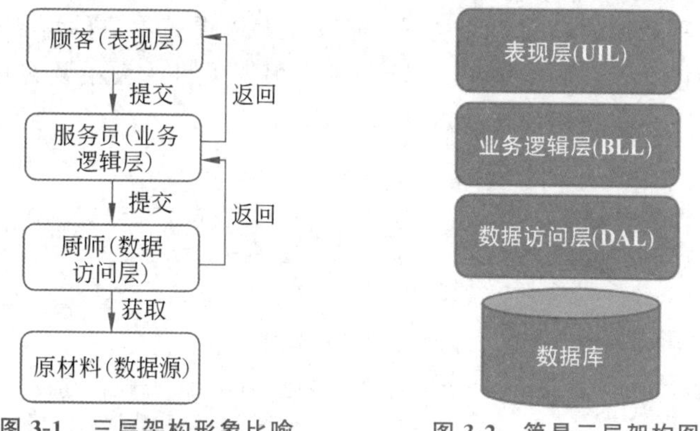

图3-1　三层架构形象比喻　　图3-2　简易三层架构图

实际开发中，很多情况下为了复用一些共同的“东西”，会把各层都用的“东西”抽象出来。例如，将数据对象实体分离，以便在多个层中传递，称为实体类（Model）。一些共性的通用辅助类和工具方法，如数据校验、生成验证码、加解密处理等，为了让各个层之间复用，也单独分离出来，作为独立的模块使用，称为通用类库（Common）。这时三层架构可以用图3-3表示。

说明：

（1）什么是业务实体（Model）？

用于封装实体类数据结构，一般用于映射数据库的数据表或视图，用以描述业务中客观存在的对象。Model分离出来是为了更好地解耦，为了更好地发挥分层的作用，更好地进行复用和扩展，增强灵活性。

业务实体也称为实体类或实体模型类，通常类名与映射的数据库的数据表名称一致，该类中包含一系列属性，这些属性与数据库中的字段一一对应，从数据库中查询出来的数据都使用该类的对象来保存,以便在程序中使用。

(2) 为了使数据访问层的代码更加简洁及操作数据库的代码复用,通常数据访问层会分离出通用数据访问类,即第 2 章封装的 SqlHelper 工具类。此时就形成了一个完整经典的三层架构图,如图 3-4 所示。

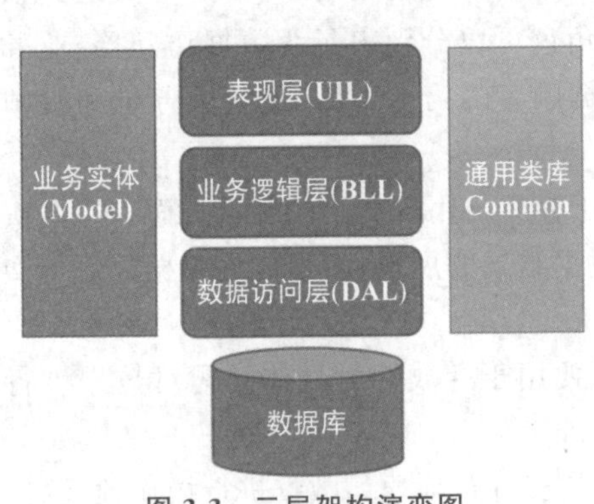

图 3-3 三层架构演变图

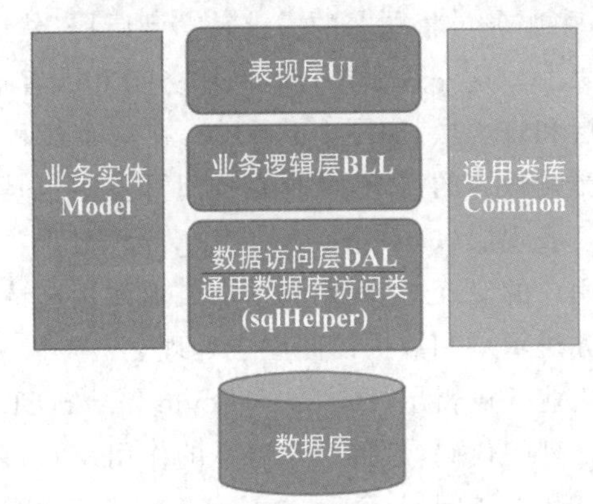

图 3-4 完整经典的三层架构图

3.1.2 三层架构的优缺点

三层架构是一种通用的项目开发方式,可以极大地提高项目的可扩展性和可维护性。但是使用三层架构也会存在一些缺陷,实际开发中根据项目的大小及客户的需求综合考虑是否选择三层架构。三层架构的优缺点如表 3-2 所示。

表 3-2 三层架构的优缺点

优　　点	缺　　点
代码结构清晰	增加了开发成本
耦合度降低,可维护性和可扩展性提高	降低了系统的性能
适应需求的变化,降低维护的成本和时间	在表现层中增加一个功能,为保证其设计符合分层式结构,就需要在相应的业务逻辑层和数据访问层中都增加相应的代码

3.2 三层架构项目实战——登录设计与实现

在学习完三层架构的基础知识后,接下来根据前面所学的知识结合 ADO.NET 以及简单的 WebForm 窗体来实现一个三层架构的学生信息管理系统,本节来完成三层架构的登录功能。

3.2.1 创建数据库

在 ASPNETDemoDataBase 数据库下创建一个名为 UserLogin 的用户登录表,该表的结构设计如图 3-5 所示。其中,ID 为自增的主键。

为了后面的测试,为 UserLogin 表输入一条记录,如 UserName 为 admin,Pwd 为 123456。

	列名	数据类型	允许 Null 值
🔑	ID	int	☐
	UserName	nvarchar(20)	☐
	Pwd	varchar(20)	☐

图 3-5　UserLogin 表结构

3.2.2　搭建三层架构的基本结构

三层架构的项目数据库访问层、业务逻辑层、实体模型层项目类型都要为类库(.NET Framework),表现层根据项目的需要可以为 WebForm 项目、Windows 窗体应用程序等。

1. 创建解决方案及数据访问层(DAL)

打开 Visual Studio 2022,创建新项目,项目模板选择类库(.NET Framework),如图 3-6 所示。

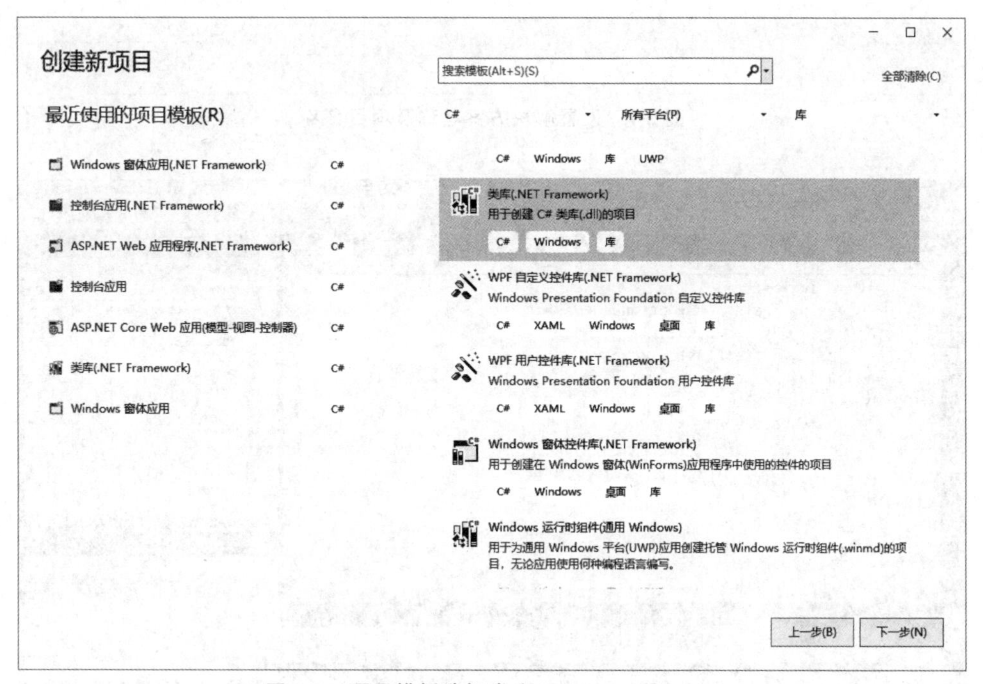

图 3-6　项目模板选择类库(.NET Framework)

单击"下一步"按钮,打开如图 3-7 所示的"配置新项目"窗口,在此设置解决方案名称、项目名称,此项目作为数据库访问层,因此这里项目名称设置为 DAL,实际开发中数据访问层项目名称一般以 DAL 作为后缀,但是前面可以加解决方案名称之类的。

之后单击"创建"按钮,稍后即可创建好解决方案及项目 DAL,如图 3-8 所示。

2. 创建业务逻辑层(BLL)

在图 3-8 界面中右击解决方案,选择"添加"→"新建项目",弹出添加新项目的模板,继续选择"类库(.NET Framework)",单击"下一步"按钮之后在弹出的界面中设置项目名称为 BLL,作为业务逻辑层。实际开发中,业务逻辑层项目的名称一般以 BLL 作为后缀,但是前面可以加解决方案名称之类的。

配置新项目

类库(.NET Framework) C# Windows 库

项目名称(J)

DAL

位置(L)

E:\2023年上半年\学院工作\教学\教材编写\Demo

解决方案名称(M)

ThreeLayerProject

将解决方案和项目放在同一目录中(D)

框架(F)

.NET Framework 4.7.2

上一步(B) 创建(C)

图 3-7 设置解决方案名称及项目名称

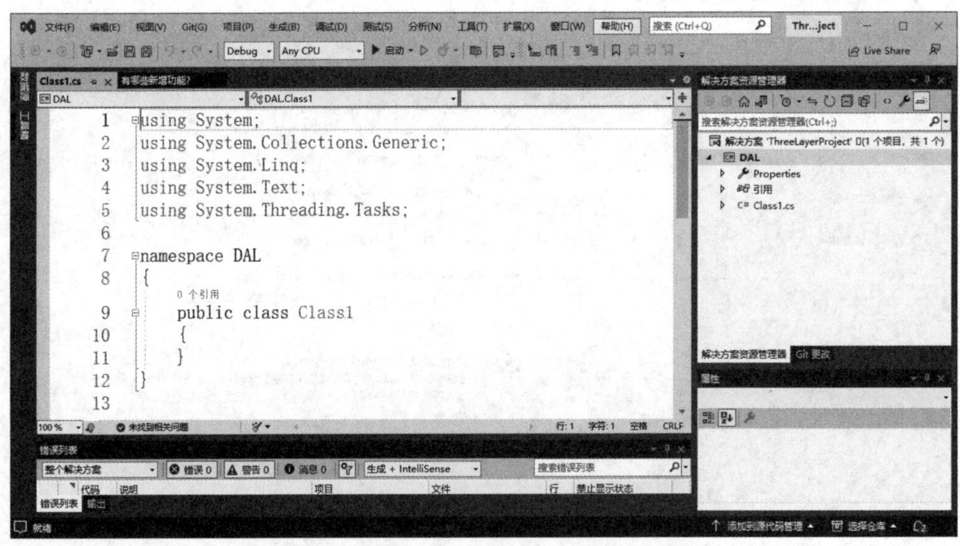

图 3-8 创建了 DAL 项目的 Visual Studio 界面

3. 创建实体模型层(Model)

在图 3-8 界面中右击解决方案，选择"添加"→"新建项目"，弹出添加新项目的模板，继续选择"类库(.NET Framework)"，单击"下一步"按钮之后在弹出的界面中设置项目名称为 Model，作为实体模型层。实际开发中，实体模型层项目的名称一般就叫 Model。

4. 创建表现层(UI)

在图 3-8 界面中右击解决方案，选择"添加"→"新建项目"，弹出添加新项目的模板，选择"ASP.NET Web 应用程序(.NET Framework)"，如图 3-9 所示。单击"下一步"按钮，配置项目名称为 UI，然后单击"下一步"按钮，打开如图 3-10 所示的对话框，这里选择"空"，即创建空的 ASP.NET Web 应用程序。

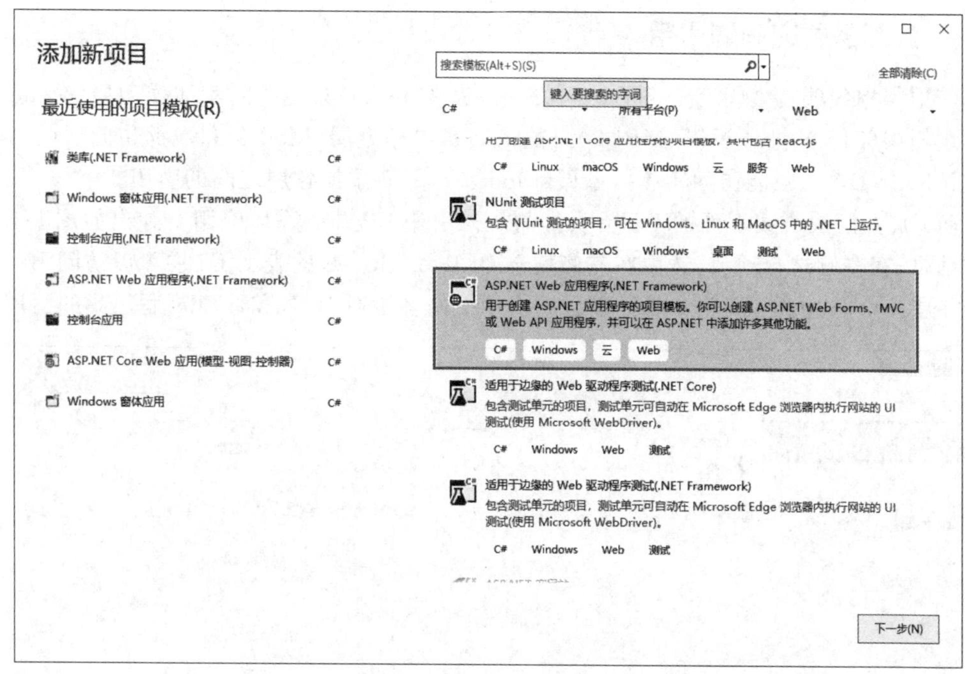

图 3-9　创建 ASP.NET Web 应用程序(.NET Framework)模板项目

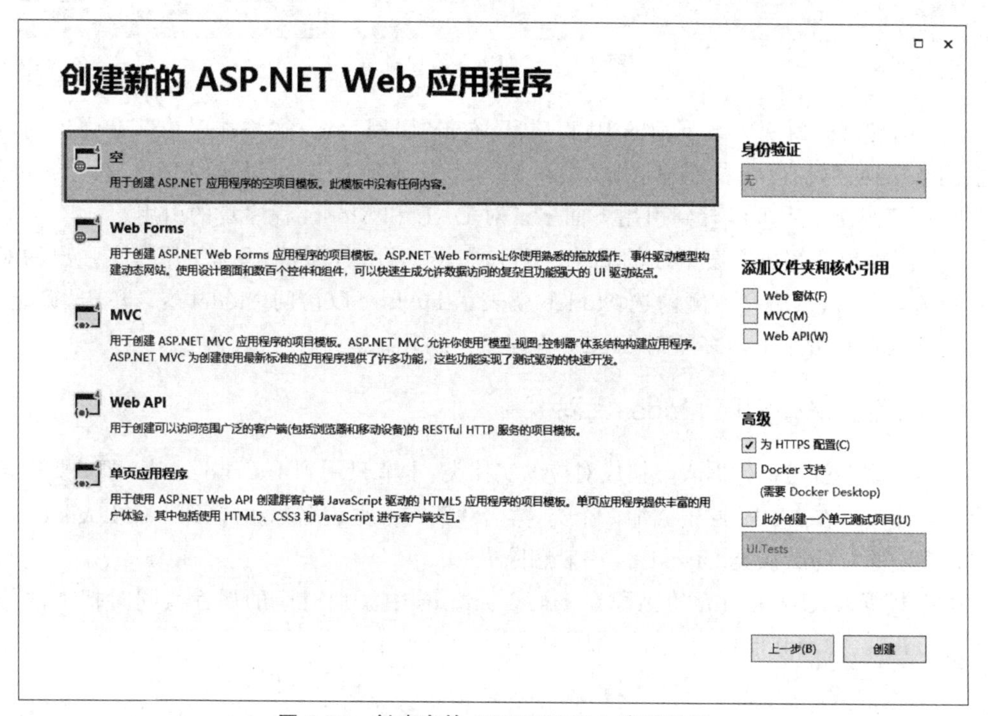

图 3-10　创建空的 ASP.NET Web 应用程序

至此，三层架构的项目基本结构就搭建好了。

3.2.3 添加各层之间的引用

三层架构各项目之间有严格的访问关系。表现层(UI)只能访问实体模型层(Model)和业务逻辑层(BLL);业务逻辑层(BLL)只能访问实体模型层(Model)和数据访问层(DAL);数据访问层(DAL)只能访问实体模型层(Model)。下面添加各层之间的引用。

(1) 展开解决方案下面的 UI 层项目,右击"引用",选择"添加引用",弹出如图 3-11 所示对话框,在左侧选择项目,然后在右侧勾选 BLL 和 Model,就表示 UI 层可以访问 BLL 和 Model 层。单击"确定"按钮之后可以看到引用下面多了对 BLL 和 Model 程序集的引用。

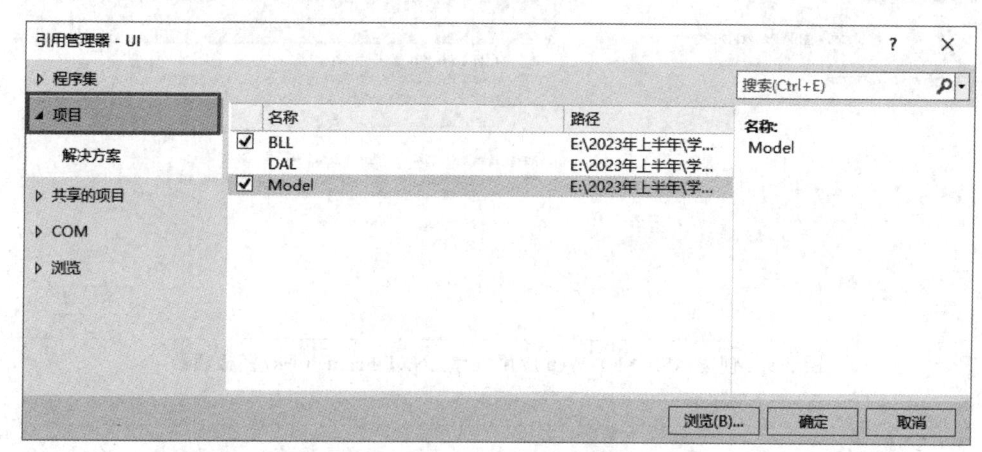

图 3-11　为 UI 层添加引用

(2) 同理展开解决方案下面的 BLL 项目,右击"引用",选择"添加引用",在弹出的对话框左侧选择项目,然后在右侧勾选 DAL 和 Model,就表示 BLL 可以访问 DAL 和 Model 层。单击"确定"按钮之后可以看到引用下面多了对 DAL 和 Model 程序集的引用。

(3) 同理展开解决方案下面的 DAL 项目,右击"引用",选择"添加引用",在弹出的对话框左侧选择项目,然后在右侧勾选 Model,就表示 DAL 可以访问 Model 层。单击"确定"按钮之后可以看到引用下面多了对 Model 程序集的引用。

3.2.4 编写实体模型层 Model 代码

实体模型层就是把数据表转换成对应的实体类,本节只用到 UserLogin 表,即只要把该表转换成实体类。在 Model 层下添加一个类,类名一般与数据表名称相同,即 UserLogin.cs。

说明:原有的默认类 Class1.cs 一般删除。

根据数据表 UserLogin 的字段在 UserLogin.cs 中添加对应的属性。同时把类的修饰符改为 public,方便其他项目调用。UserLogin 代码如下。

```
public class UserLogin
    {
        public int ID { get; set; }
        public string UserName { get; set; }
        public string Pwd { get; set; }
    }
```

3.2.5　编写数据访问层代码

1. 添加 SqlHelper 工具类到 DAL 项目下

为了提高编写代码效率及操作数据库代码的复用，从而使代码也更加简洁，数据访问层一般需要把访问数据库操作的工具类 SqlHelper.cs 添加进来。直接复制第 2 章完成的 SqlHelper 工具类到 DAL 项目下。之后还要做以下两个处理。

1）为 SqlHelper 工具类添加引用 System.Configuration

即打开复制过来的 SqlHelper 工具类，然后安装 System.Configuration.Configuration-Manager 包，之后会自动添加引用 System.Configuration。

2）为项目配置文件添加连接数据库信息

即打开 UI 层下的 web.config 文件，在<configuration>节中添加下面的代码。

```
<connectionStrings>
    <add name="connectionStr" connectionString="server=.;uid=sa;pwd=123456;
database=ASPNETDemoDataBase"/>
</connectionStrings>
```

同时检查下<add>标签下的 name 属性值与 SqlHelper 工具类下加粗名称是否相同，需要保持一致。

```
public static string constr =ConfigurationManager.ConnectionStrings
["connectionStr"].ConnectionString;
```

2. 添加数据访问层类

在 DAL 下添加一个类，类名一般以 DAL 作为结尾，前面部分一般是表名称，本数据访问层主要是针对 UserLogin 表进行操作，所以这里类名取名为 UserLoginDAL.cs。

说明：原有的默认类 Class1.cs 一般删除。

接下来在该类中添加对 UserLogin 表进行操作的方法。因为本节要实现的是登录功能，所以这里编写一个根据用户名去查找用户的方法，返回值为 UserLogin 对象，具体代码如下。

```
public UserLogin SelectUserLogin(string username)
        {
            string sql ="select * from UserLogin where userName=@username";
            UserLogin user =null;
            using (SqlDataReader reader = SqlHelper. ExecuteReader (sql, new
SqlParameter("@username", username)))
            {
                if (reader.Read())
                {
                    user =new UserLogin();
                    user.ID =reader.GetInt32(0);
                    user.UserName =reader.GetString(1);
                    user.Pwd =reader.GetString(2);
                }
            }
```

```
            return user;
        }
```

提示：在上述类中需要添加实体类 UserLogin 所在命名空间，如果没有默认引用，则需要手动引用。

3.2.6 编写业务逻辑层代码

数据访问层编写完成后，接下来编写业务逻辑层代码。在 BLL 项目下创建一个类，命名为 UserLoginBLL.cs，一般以 BLL 结尾，前面部分为数据表名，同时把默认修饰符改为 public。

由于业务逻辑层肯定需要用到数据访问层对象，所以就需要用数据库访问层类实例化出一个数据访问层对象。然后再创建业务逻辑层的方法，该方法结构一般可以与数据访问层下的相应方法结构保持一致，如果修改一般就是修改方法名称和返回值类型。方法体里面一般需要用到数据访问层对象调用相应方法，具体代码如下。

```
public class UserLoginBLL
    {
        //实例化数据访问层对象
        UserLoginDAL dal=new UserLoginDAL();
        public UserLogin SelectUserLogin(string username)
        {
            return dal.SelectUserLogin(username);
        }
    }
```

3.2.7 实现 UI 层

右击 UI 层项目，选择“添加”→“Web 窗体”，窗体文件名取名为 Login，单击“确定”按钮之后即创建了文件名为 Login.aspx 的 Web 页面。

1. 表现层界面设计

表现层运行效果如图 3-12 所示。

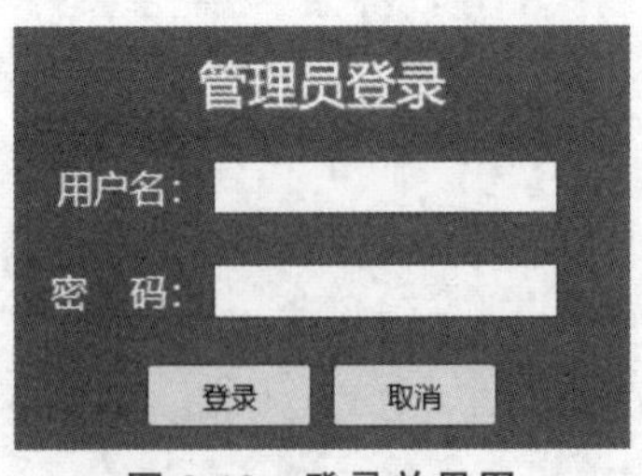

图 3-12 登录效果图

通过表格布局，输入相关文字及引入相关控制，代码如下。

```
<form id="form1" runat="server">
        <div id="divLogin">
            <table id="tab">
```

```
            <tr>
                <td colspan="2" id="tdHead">管理员登录</td>

            </tr>
            <tr>
                <td class="td1">用户名:</td>
                <td >
                    <asp:TextBox ID="txtusername" runat="server" Width=
"160px" Height="20px"></asp:TextBox></td>
            </tr>
            <tr>
                <td class="td1">密     码:</td>
                <td>
                     <asp:TextBox ID="txtpwd" runat="server" Width="160px"
Height="20px" TextMode="Password"></asp:TextBox></td>
            </tr>
            <tr>
                <td colspan="2" class="td2">
                      <asp:Button ID="btnLogin" runat="server" Text="登录"
Height="30px" Width="80px" />  <asp:Button ID="btnCancel" runat=
"server" Text="取消" Height="30px" Width="80px" /></td>

            </tr>
        </table>
    </div>
</form>
```

为了实现页面居中显示等效果，设置 CSS 样式如下。

```
<style type="text/css">
    #divLogin
    {
        width:300px;
        height:200px;
        background-color:cornflowerblue;
        position:absolute;
        left:50%;
        top:50%;
        margin-top:-150px;
        margin-left:-100px;
    }
    #tab
    {
        width:100%;
        height:100%;
    }
    #tdHead{
        font-family:微软雅黑;
        font-size:24px;
        color:white;
```

```
            text-align:center;
        }
          .td1
        {
            height: 45px;
            width:90px;
            color:white;
            font-size:18px;
            font-family:微软雅黑;
            text-align:right;
        }
            .td2
        {
            text-align:center;
        }
    </style>
```

2. 表现层功能实现

UI 层的界面设计好了,接下来就实现表现层的功能。单击“登录”按钮时检测用户输入的用户名在数据库中是否存在,如果存在再看用户输入的密码是否与数据库中该用户的密码一致,如果一致则可以进入系统,否则给出相应的提示。

由于表现层需要用到业务逻辑层对象,所以需要先实例化出业务逻辑层对象。

```
UserLoginBLL bll=new UserLoginBLL();
```

然后编写“登录”按钮的单击事件如下。

```
protected void btnLogin_Click(object sender, EventArgs e)
        {
            //获取用户输入的用户名和密码
            string name =txtusername.Text.Trim();
            string pwd =txtpwd.Text.Trim();
            if (string.IsNullOrEmpty(name) || string.IsNullOrEmpty(pwd))
            {
                Response.Write("<script>alert('用户名或者密码不能为空!')</script>");
            }
            else
            {
                //获取到登录对象
                UserLogin user =bll.SelectUserLogin(name);
                if (user !=null)
                {
                    //拿数据库里获取的密码与输入的密码对比
                    if (user.Pwd ==pwd)
                    {
                        //将用户名和密码写入 Session 中
                        Session["UserName"] =user.UserName;
                        Session["Pwd"] =user.Pwd;
```

```
                //跳转到主页 StudentList.aspx,并传递用户名过去
                Response.Redirect("StudentList.aspx?UserName=" +name);
                    }
                    else
                    {
                        Response.Write("<script>alert('密码错误!')</script>");
                    }
                }
                else
                {
                    Response.Write("<script>alert('用户名不存在!')</script>");
                }
            }
        }
```

注意：需要导入 Model 和 BLL 命名空间。

说明：

(1) Get 和 Post 的请求方式。

Get 和 Post 是向服务器发送请求的两种方式，其中，Get 请求是将需要提交给服务器的数据放在 URL 中，而 Post 请求则是将请求数据封装到请求报文中进行发送。

请求报文由请求行、请求头部、空行和请求数据 4 部分组成，其中，请求行中包括请求方式、URL 和 HTTP 版本三个字段；请求头部是通知服务器有关于客户端请求的信息；空行用于通知服务器以下不再是请求头；请求数据是使用 Post 方式发送的数据。

(2) Response 对象的使用——用于输出数据的对象。

Response 对象用于将服务器响应的数据发送到客户端，此对象中包含有关该响应的信息，并且通过 Response 对象的方法可以执行一些特殊操作。例如，通过该对象的 Write() 方法可以向页面输出内容。如果传递的参数是普通的字符串，则会被直接输出到页面；当传递的是"<script>alert('输入的内容')</script>"等内容的字符串参数时，浏览器会将该字符串当作脚本解析。

通过 Response 对象的 Redirect()方法可以跳转到另一个页面，使用该方法时需要将重定向的 url 作为实参传递到该方法中，跳转的 url 可以通过"?"来传递参数，多个参数之间使用"&"连接，示例代码如下。

```
Response.Write("江西服装学院欢迎您!");
Response.Write("<script>alert('密码错误!')</script>");
Response.Redirect("http://www.jift.edu.cn");
Response.Redirect("http://www.jift.edu.cn?Username='admin'");
```

(3) Request 对象的使用——用于接收数据的对象。

Request 对象的作用是获取从客户端向服务器端发出的请求信息。根据请求方式的不同，可以通过三种方式来接收客户端的值，当使用 Get 方式发送请求时可以通过 QueryString 属性来获取值；当用户通过 Post 方式发送请求时，可以通过 Form 属性来获取值；当不确定请求方式时，可以通过 Request 对象直接获取值，具体示例代码如下。

```
string name=Request.QueryString["Name"];  //Get 请求
string name=Request.Form["Name"];         //Post 请求
string name=Request["Name"];              //Get 和 Post 请求
```

接下来为“取消”按钮编写单击事件代码，只需要把两个文本框置空即可，代码如下。

```
protected void btnCancel_Click(object sender, EventArgs e)
{
    txtusername.Text=string.Empty;
    txtpwd.Text=string.Empty;
}
```

3.2.8 设置启动项和测试项目运行结果

由于三层架构的解决方案下肯定有很多项目，所以运行测试之前要先设置启动项，右击解决方案，选择“设置启动项”，弹出如图 3-13 所示对话框，在此设置“单启动项目”为 UI。

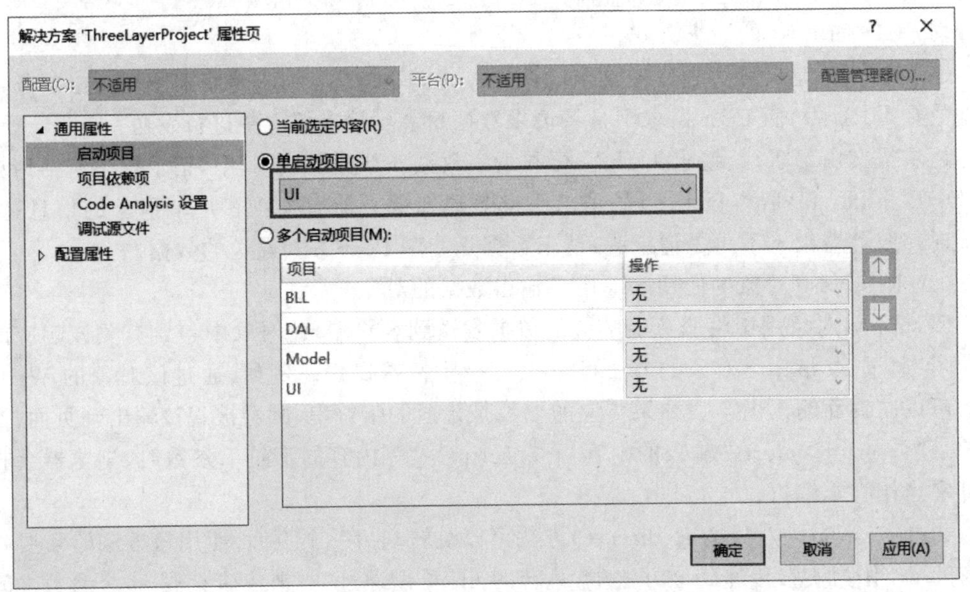

图 3-13 设置解决方案下的启动项目

然后再右击 UI 项目下的 Login.aspx，选择“设为起始页”。

设置后启动运行出现“检测到在集成的托管管道模式下不适用的 ASP.NET 设置”错误提示，只需要在项目的 Web.config 配置文件中添加如下代码。

```
<system.webServer>
    <validation validateIntegratedModeConfiguration="false" />
</system.webServer>
```

为了测试运行效果，需要在 UI 层添加一个名为 StudentList.aspx 的 Web 窗体，当用户名和密码正确时进入该页面。

再次启动运行后，输入正确的用户名和密码后，能够进入主页面 StudentList.aspx。其他情况会给出相应的提示。

3.3　三层架构项目实战——学生信息列表展示页设计与实现

3.2 节完成了三层架构的登录，进入的主页面 StudentList.aspx 是一个空的页面，接下来把这个页面作为学生信息列表展示页面。所使用的数据表是 student 表，表结构如图 3-14 所示。

列名	数据类型	允许 Null 值
ID	int	☐
Num	varchar(10)	☐
Name	nvarchar(12)	☐
Sex	nvarchar(2)	☑
Age	int	☑
Class	nvarchar(30)	☐
Speciality	nvarchar(20)	☐
Phone	varchar(11)	☑

图 3-14　student 表结构

3.3.1　在 Model 层添加学生表(student)实体类

在 Model 层中添加一个名为 Student.cs 的类文件，并在该文件中创建一个与 student 数据表对应的实体类，即 Student 类中的属性与 student 表中的字段一一对应。同时把类的修饰符改为 public，方便其他项目调用，具体代码如下。

```
public class Student
    {
        public int ID { get; set; }
        public string Num { get; set; }
        public string Name { get; set; }
        public string Sex { get; set; }
        //int?表示可空的值类型
        public int? Age { get; set; }
        public string Class { get; set; }
        public string Speciality { get; set; }
        public string Phone { get; set; }
    }
```

3.3.2　在数据访问层查询学生表(student)数据

在 DAL 中添加一个名为 StudentDAL.cs 的类文件，类的修饰符改为 public，在该类中封装对 student 表的增、删、改、查操作的代码。在该类中定义一个 GetAllStudent()方法，该方法用于查询 student 表中的所有数据，具体代码如下。

```
public List<Student> GetAllStudent()
        {
            string sql ="select * from student";
            List<Student> studentList =new List<Student>();
            using (SqlDataReader reader =SqlHelper.ExecuteReader(sql))
//提示:正常该方法有两个参数,即(sql,null),但可变参数为空时可以不写
```

```
            {
                if (reader.HasRows)
                {
                    while (reader.Read())
                    {
                        Student stu =new Student();
                        stu.ID =reader.GetInt32(0);
                        stu.Num =reader.GetString(1);
                        stu.Name =reader.GetString(2);
                        stu.Sex = Convert.IsDBNull(reader[3]) ?null : reader.
GetString(3);
                        stu.Age = Convert.IsDBNull(reader[4]) ?null : (int?)
reader.GetInt32(4);
                        stu.Class =reader.GetString(5);
                        stu.Speciality =reader.GetString(6);
                        stu.Phone =Convert.IsDBNull(reader[7]) ?null : reader.
GetString(7);
                        studentList.Add(stu);
                    }
                }
            }
            return studentList;
        }
```

在上述代码中，GetAllStudent()方法调用了 SqlHelper 的 ExecuteReader()方法查询数据，并将查询到的数据封装到泛型集合 List<Student>中，并作为返回值返回。其中，在查询数据时取出数据表中可为空的类型列的数据赋给对象属性时，需要先通过 Convert.IsDBNull()方法判断再赋值。

提示：int 类型与 null 值不是同类型，在进行三元运算时需要将 int 类型强制转换成 int? 类型。

3.3.3 在业务逻辑层利用数据访问层查询学生表(student)数据

在 BLL 中添加一个名为 StudentBLL.cs 的类文件，类的修饰符改为 public，在该类中也是封装对 student 表的增、删、改、查操作的代码，但是是通过数据访问层对象调用数据访问层的方法，只不过是在业务逻辑层对数据访问层的方法进行了一次封装。在该类中定义的方法结构可以与数据访问层的保持一致，具体代码如下。

```
StudentDAL dal =new StudentDAL();
public List<Student> GetAllStudent()
{
    return dal.GetAllStudent();
}
```

3.3.4 在表现层调用业务逻辑层

在 UI 层的 StudentList.aspx.cs 文件的 Page_Load()事件中编写代码，该事件在页面加载时触发，触发时将所有数据加载到页面中，具体代码如下。

```
StudentBLL bll=new StudentBLL();
        protected void Page_Load(object sender, EventArgs e)
        {
            if (Session["UserName"] ==null)
            {
                Response.Redirect("/Login.aspx");
            }
            else
            {
                List<Student> studentlist =bll.GetAllStudent();
                StringBuilder sb =new StringBuilder();       //创建用于拼接表格的
                                                             //StringBuilder 对象
                int count =1;                                //表格中的编号
                sb.Append("<div style='position:absolute;top:25%;left:50%;
background-color:cornflowerblue;margin-left:-400px;'><table  style='width:
800px;border-collapse:collapse;text-align:center;' border='1px solid black'>
<tr><th>编号</th><th>学号</th><th>姓名</th><th>性别</th><th>年龄</th><th>
班级</th><th>专业</th><th>电话</th><th>操作</th></tr>");
                foreach (var item in studentlist)
                {
                 sb.Append(string.Format("<tr><td>{0}</td><td>{1}</td><td>
{2}</td><td>{3}</td><td>{4}</td><td>{5}</td><td>{6}</td><td>{7}</td><td>
<a onclick='return confirm(\"确定要删除吗? \")' href='DeleteStudent.ashx?ID=
{8}'>删除</a>   <a href='UpdateStudent.aspx?ID={8}'>修改</a>
</td></tr>", count++, item.Num, item.Name, item.Sex, item.Age, item.Class,
item.Speciality, item.Phone, item.ID));
                }
                sb.Append("<tr><td colspan='9' style='text-align:left'><a
href='AddStudent.aspx'>添加用户</a></td></tr></table></div>");
                Response.Write(sb.ToString());
            }
        }
```

在上述代码的 Page_Load()事件中，首先通过判断 Session["UserName"]是否为 null，判断用户是否登录，如果登录了，通过调用 bll 的 GetAllStudent()方法获取数据集合，遍历集合并将值拼接成表格输出到页面。

3.3.5 添加页面导航栏

为了使页面功能更加完整，在 StudentList.aspx 页面的<body>标签内添加页面导航栏功能布局代码，包括显示登录的用户名、网站主页链接、修改密码链接和用户注销链接，具体代码如下。

```
<body>
    <form id="form1" runat="server">
        <div id="box">
            <div id="left">    您好:<%=Session
```

```
["UserName"].ToString() %>,欢迎使用学生信息管理系统</div>
            <div id="right">
                <a href =" StudentList. aspx" > 网站主页 </a >      
 
                <a href="UpdatePassword.aspx">修改密码</a>   
 
                <a href="temp.aspx">注销退出</a>    
            </div>
      </div>
      </form>
</body>
```

说明："<%=%>"用于读取 Session 中的用户名并展示到页面上。

添加布局样式，在 UI 层下创建文件夹 Style，再在该文件夹下创建一个样式表文件 NavigateStyle.css，并添加如下样式。

```
body {
   margin: 0px;
}
#box {
   width: 100%;
   background-color:cornflowerblue;
   height: 80px;
   line-height: 80px;
   font-family: "微软雅黑";
}
#left {
   width: 60%;
   float: left;
}
#right {
   text-align: right;
   width: 40%;
   float: left;
}
a:link {
   color: #fff;
   text-decoration: none;
   font-family: 微软雅黑;
}
a:hover {
   color: #f00;
   text-decoration: none;
   font-family: 微软雅黑;
}
```

启动运行，登录成功后看到的效果如图 3-15 所示。

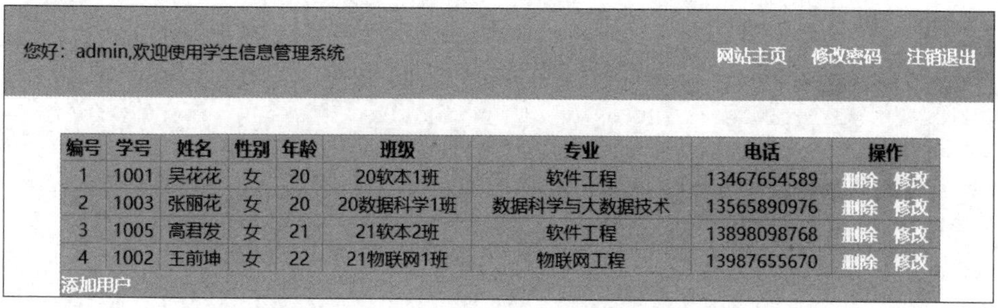

您好：admin,欢迎使用学生信息管理系统　　网站主页　修改密码　注销退出

编号	学号	姓名	性别	年龄	班级	专业	电话	操作
1	1001	吴花花	女	20	20软本1班	软件工程	13467654589	删除 修改
2	1003	张丽花	女	20	20数据科学1班	数据科学与大数据技术	13565890976	删除 修改
3	1005	高君发	女	21	21软本2班	软件工程	13898098768	删除 修改
4	1002	王前坤	女	22	21物联网1班	物联网工程	13987655670	删除 修改

添加用户

图 3-15　学生信息管理系统主页面效果

3.4　三层架构项目实战——添加学生信息设计与实现

本节实现三层架构的添加学生信息功能。在 UI 层项目下添加一个名为 AddStudent.aspx 的 Web 窗体。

3.4.1　设计添加学生信息的界面

添加学生信息界面如图 3-16 所示。

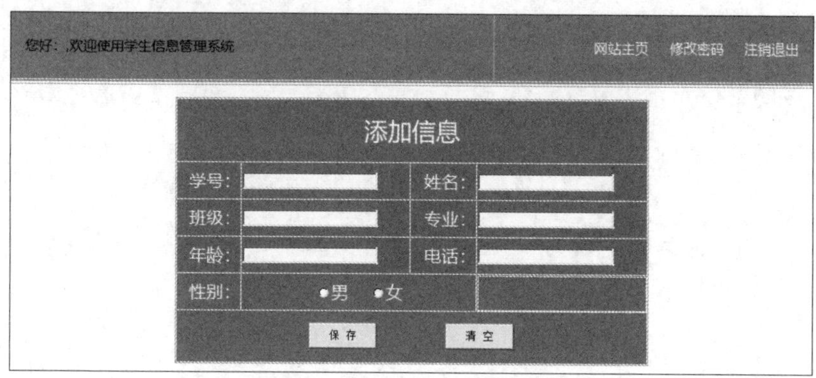

图 3-16　添加学生信息界面

1. 导航栏部分设计

该部分设计与主页 StudentList.aspx 的导航栏一样，直接复制相关代码与样式即可。

2. 引入添加学生信息的控件及布局

采用表格布局，从工具箱中拖入 6 个 TextBox 控件、2 个 RadioButton 控件和 2 个 Button 控件，并修改 ID 等属性。

然后编写样式，最终参考代码如下。

(1) 样式代码，其中，NavigateStyle.css 样式见 3.3 节。

```
<link href="Style/NavigateStyle.css" rel="stylesheet" />
    <style type="text/css">
        #divLogin
        {
            background-color:cornflowerblue;
```

```
            width: 550px;
            height: 300px;
            left: 50%;
            margin-left: -275px;
            top: 50%;
            margin-top: -150px;
            position: absolute;
        }

        #tb
        {
            width: 100%;
            height: 100%;
        }

        #td1
        {
            height: 70px;
            font-family: 微软雅黑;
            color: white;
            font-size: 28px;
            text-align:center;
        }

        .td2
        {
            height: 40px;
            font-family: 微软雅黑;
            color: white;
            font-size: 20px;
            text-align: right;
        }

        #td3
        {
            height:56px;
            text-align: center;
        }
    </style>
```

(2) HTML 代码。

```
<form id="form1" runat="server">
        <div id="box">
            <div id="left">    您好:<%=Session["
UserName"].ToString() %>,欢迎使用学生信息管理系统</div>
            <div id="right">
                <a href="StudentList.aspx">网站主页</a>   
 
```

```
            <a href="UpdatePassword.aspx">修改密码</a>   
 
            <a href="temp.aspx">注销退出</a>    
        </div>
    </div>
    <div id="divLogin">
        <table id="tb" style="border-collapse: collapse;">
            <tr>
                <td id="td1" colspan="4">添加信息</td>
            </tr>
            <tr>
                <td class="td2">学号:</td>
                <td>
                    <asp:TextBox ID="txtStuNum" runat="server" Width="150px">
</asp:TextBox></td>
                <td class="td2">姓名:</td>
                <td>
                    <asp:TextBox ID="txtStuName" runat="server" Width="150px">
</asp:TextBox></td>
            </tr>
            <tr>
                <td class="td2">班级:</td>
                <td>
                    <asp:TextBox ID="txtStuClass" runat="server" Width=
"150px"></asp:TextBox></td>
                <td class="td2">专业:</td>
                <td>
                    <asp:TextBox ID="txtSpeciality" runat="server" Width=
"150px"></asp:TextBox></td>
                </tr>
                <tr>
                    <td class="td2">年龄:</td>
                    <td>
                        <asp:TextBox ID="txtStuAge" runat="server" Width=
"150px"></asp:TextBox></td>
                <td class="td2">电话:</td>
                <td>
                    <asp:TextBox ID="txtStuPhone" runat="server" Width=
"150px"></asp:TextBox></td>
                </tr>
                <tr>
                    <td class="td2">性别:</td>
                    <td colspan="2" class="td2" style="text-align: center;">
                        <asp:RadioButton ID="radbtnB" runat="server" Text=
"男" GroupName="xb" />    <asp:RadioButton ID="radbtnG"
runat="server" Text="女" GroupName="xb" /></td>

                    <td></td>
                </tr>
                <tr>
```

```
                        <td colspan="4" id="td3">
                            <asp:Button ID="btnSave" runat="server" Height=
"30px" Text="保 存" Width="80px" />
                                 <asp:Button ID=
"btnClear" runat="server" Height="30px" Text="清 空" Width="80px" />
                        </td>
                    </tr>
                </table>
            </div>
        </form>
```

3.4.2 编写添加学生信息数据访问层代码

设计完添加学生信息的界面后，接下来实现数据访问层的添加功能。添加学生信息是对 student 表进行操作，所以是在 DAL 的 StudentDAL 类编写实现代码，即添加一个 InsertStudent()方法，该方法实现将学生数据插入数据库 student 表中，具体代码如下。

```
public int InsertStudent(Student stu)
        {
            string sql ="insert into student values(@stunum,@stuname,@sex,
@stuage,@stuclass,@speciality,@stuphone) ";
            SqlParameter[] paras =new SqlParameter[]{
                new SqlParameter("@stunum",stu.Num),
                new SqlParameter("@stuname",stu.Name),
                new SqlParameter("@sex",stu.Sex),
                new SqlParameter("@stuage",stu.Age==null? DBNull.Value:
(object)stu.Age),
                new SqlParameter("@stuclass",stu.Class),
                new SqlParameter("@speciality",stu.Speciality),
                new SqlParameter("@stuphone",stu.Phone),
                                                    };
            int count =SqlHelper.ExecuteNonQuery(sql, paras);
            return count;
        }
```

上述代码实现了向数据库中插入一条学生信息的功能。其中，在 InsertStudent()方法中调用 SqlHelper 类的 ExecuteNonQuery()方法执行插入操作。下面解释一下上面的加粗代码。

C#中的 null 与数据库中的空值是不一样的，数据库中的空值用 C#表示为 DBNull.Value。

上面的 object 能写为 int? 或 int 吗? 答案是不能。因为三元运算符表达式计算时要首先确定它的(结果)类型。它的结果可能有两个：DBNull.Value 和 (object)stu.StuAge。从这两个可能的结果中可以推断出结果的类型为 object，因为 DBNull.Value 可以隐式转换为 object。然而 DBNull.Value 无法隐式转换为 int? 或 int，所以上面的 object 不能写为 int? 或 int。

由于学生信息的学号不能重复，在插入数据库之前需要验证学号是否已经存在。因此，

继续在 StudentDAL 类中添加一个 SelectCount()方法，检测输入的学号是否存在，具体代码如下。

```
//判断 StuNum 学号是否存在
        public int SelectCount(string StuNum)
        {
            string sql ="select count(*) from student where Num=@StuNum";
            SqlParameter para =new SqlParameter("@StuNum", StuNum);
            int count =Convert.ToInt32(SqlHelper.ExecuteScalar(sql, para));
            return count;
        }
```

3.4.3　编写添加学生信息业务逻辑层代码

接下来实现业务逻辑层的添加功能，实际上就是把数据访问层的两个方法在业务逻辑层再封装一次。打开 BLL 层下的 StudentBLL 类，添加 InsertStudent()和 SelectCount()方法，具体代码如下。

```
public bool InsertStudent(Student stu)
    {
        return dal.InsertStudent(stu)>0;
    }
    public bool SelectCount(string StuNum)
    {
        return dal.SelectCount(StuNum) >0;
    }
```

上面两个方法的结构与数据访问层下的方法结构相比，返回值类型均由 int 改为 bool 类型，主要作用是方便在表现层判断是否插入成功，学号是否重复。不改返回值类型也可以，在前端通过是否大于 0 去判断。

3.4.4　实现添加学生信息表现层功能

表现层的界面在 3.4.1 节已经设计好了，接下来就是实现表现层的功能。打开 UI 层下的 AddStudent.aspx 文件，双击界面上的“保存”按钮，进入单击事件编写入口，编写代码及注释如下。

```
StudentBLL bll=new StudentBLL();
protected void btnSave_Click(object sender, EventArgs e)
        {
            //获取用户输入的信息
            string stuNum =txtStuNum.Text;
            string stuName =txtStuName.Text;
            string stuClass =txtStuClass.Text;
            string speciality =txtSpeciality.Text;
            //判断学号、姓名、班级、专业是否为空
            if (string.IsNullOrEmpty(stuNum))
            {
```

```
                Response.Write("<script>alert('学号不能为空')</script>");
            }
            else if (string.IsNullOrEmpty(stuName))
            {
                Response.Write("<script>alert('姓名不能为空')</script>");
            }
            else if (string.IsNullOrEmpty(stuClass))
            {
                Response.Write("<script>alert('班级不能为空')</script>");
            }
            else if (string.IsNullOrEmpty(speciality))
            {
                Response.Write("<script>alert('专业不能为空')</script>");
            }
            else
            {
                //判断学号是否重复
                if (bll.SelectCount(stuNum))
                {
                    Response.Write("<script>alert('学号重复')</script>");
                }
                else
                {
                    int age;
                    //将需要插入的数据封装到新建的 Student 对象中
                    Student stu =new Student();
                    stu.Age = int. TryParse (txtStuAge. Text. Trim (), out age) ?
(int?)age : null;
        //stu.Age =int.TryParse(txtStuAge.Text.Trim(), out age) ?(int?)age : 0;
                    stu.Class =stuClass;
                    stu.Sex =radbtnB.Checked ?"男" : (radbtnG.Checked ?"女" : "");
                    stu.Name =stuName;
                    stu.Num =stuNum;
                    stu.Speciality =speciality;
                    stu.Phone =txtStuPhone.Text.Trim();
                    //执行插入数据
                    bool isok =bll.InsertStudent(stu);
                    if (isok)
                    {
                        Response.Write("<script>alert('添加成功');location=
'StudentList.aspx'</script>");
                    }
                    else
                    {
                        Response.Write("<script>alert('添加失败')</script>");
                    }
                }
            }
        }
```

启动运行，打开添加信息页面，输入相关信息，效果如图 3-17 所示。单击“保存”按钮即可提示添加成功，如果填写输入信息不完整或不正确会有相关提示。

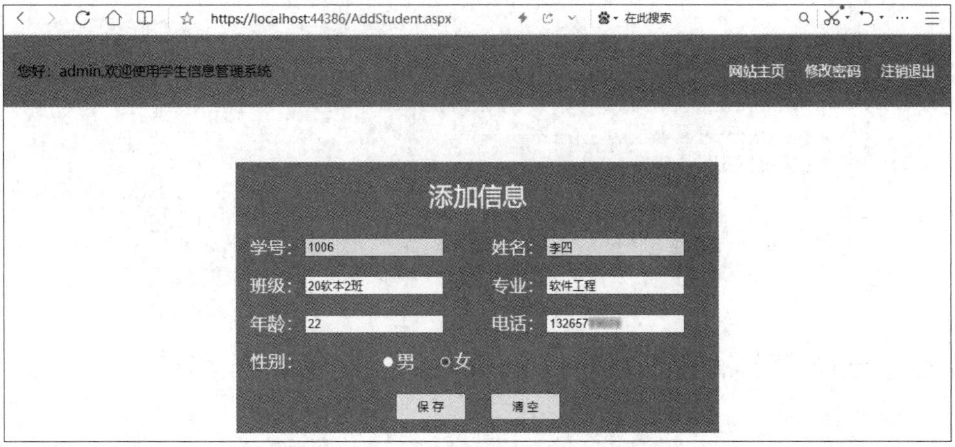

图 3-17　添加信息页面运行效果

目前存在一个问题，就是用户不用登录，直接输入 AddStudent.aspx 页面所在网址即可进入该页面，然后可以进行添加操作，这样不安全。正常情况下应该是只有登录进来的用户才能操作，因此在 Page_Load()事件中要先判断用户是否登录了，没有登录就回到登录页面，具体代码如下。

```
protected void Page_Load(object sender, EventArgs e)
        {
            if (Session["UserName"] ==null)
            {
                Session["UserName"] ="";
                Response.Write("<script>alert('你未登录或已超时,请重新登录!');
location='Login.aspx'</script>");
            }
        }
```

说明：在使用 Session 对象时，Session 对象有一个过期时间，这个过期时间默认为 20min，当 20min 内浏览器没有和服务器发生任何交互时表明 Session 过期，此时服务器就会清除 Session 对象。也可以通过代码进行设置过期时间，打开项目的配置文件 Web.config，在<system.web>节中添加下面的加粗代码，其中，timeout 的属性值就是过期时间，可以修改。

Session["UserName"] = "";这句是为了保证程序的健壮性，因为如果没有这句，那么直接进入 AddStudent.aspx 页面，这时 Session["UserName"] 为 null，那么前端的 Session ["UserName"].ToString() 方法就会报错。

```
<system.web>
   …
   sessionState mode="InProc" cookieless="false" timeout="20"></sessionState>
   …
   </system.web>
```

最后为“清空”按钮编写代码如下。

```
protected void btnClear_Click(object sender, EventArgs e)
       {
            txtSpeciality.Text =string.Empty;
            txtStuAge.Text=string.Empty;
            txtStuClass.Text=string.Empty;
            txtStuName.Text=string.Empty;
            txtStuNum.Text=string.Empty;
            txtStuPhone.Text=string.Empty;
            radbtnB.Checked =true;
       }
```

3.5 三层架构项目实战——修改密码设计与实现

3.5.1 设计修改登录密码的界面

修改登录密码界面如图 3-18 所示。

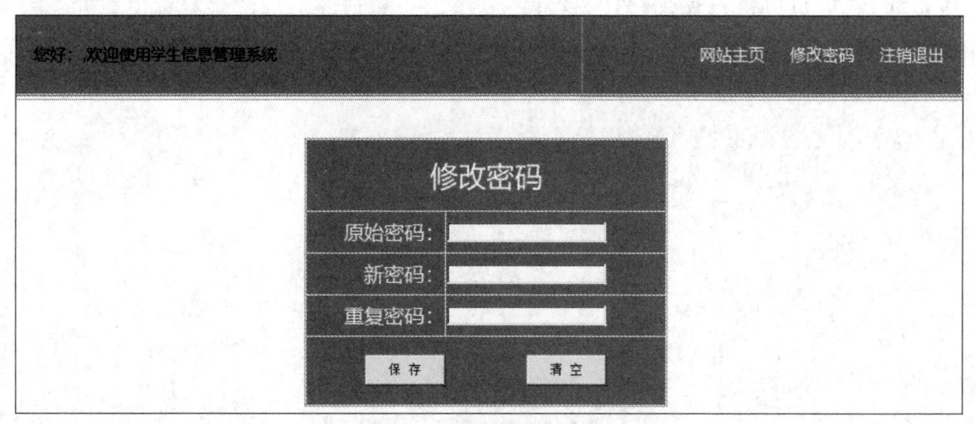

图 3-18 修改界面设计

1. 导航栏部分设计

该部分设计与主页 StudentList.aspx 的导航栏一样，直接复制相关代码与样式即可。

2. 引入修改学生信息的控件及布局

采用表格布局，从工具箱中拖入三个 TextBox 控件、两个 Button 控件，并修改 ID 等属性。

然后编写样式，最终参考代码如下。

(1) 样式代码，其中，NavigateStyle.css 样式见 3.3 节。

```
<link href="Style/NavigateStyle.css" rel="stylesheet" />
<style type="text/css">
       #divLogin
       {
           background-color:cornflowerblue;
```

```
            width: 358px;
            height: 256px;
            left: 50%;
            margin-left: -179px;
            top: 50%;
            margin-top: -128px;
            position: absolute;
        }
        #tb
        {
            width: 100%;
            height: 100%;
        }
        #td1
        {
            height: 70px;
            font-family: 微软雅黑;
            color: white;
            font-size: 28px;
            text-align:center;
        }
        .td2
        {
            height: 40px;
            font-family: 微软雅黑;
            color: white;
            font-size: 20px;
            text-align: right;
        }
        #td3
        {
            height:66px;
            text-align: center;
        }
</style>
```

(2) HTML 代码。

```
<form id="form1" runat="server">
    <div id="box">
        <div id="left">    您好:<%=Session["UserName"].
ToString() %>,欢迎使用学生信息管理系统</div>
        <div id="right">
        <a href="StudentList.aspx">网站主页</a>    
        <a href="UpdatePassword.aspx">修改密码</a>    
        <a href="temp.aspx">注销退出</a>    
        </div>
    </div>
    <div id="divLogin">
        <table id="tb" style="border-collapse: collapse;">
```

```
            <tr>
                <td id="td1" colspan="2">修改密码</td>
            </tr>
            <tr>
                <td class="td2">原始密码:</td>
                <td>
                    <asp: TextBox ID =" txtpwd " TextMode =" Password " runat =
"server" Width="150px"></asp:TextBox></td>
            </tr>
            <tr>
                <td class="td2">新密码:</td>
                <td>
                    <asp: TextBox ID =" txtNewpwd " runat =" server " TextMode =
"Password" Width="150px"></asp:TextBox></td>
            </tr>
            <tr>
                <td class="td2">重复密码:</td>
                <td>
                    <asp: TextBox ID =" txtRepwd " runat =" server " TextMode =
"Password" Width="150px"></asp:TextBox></td>
            </tr>
            <tr>
                <td colspan="2" id="td3">
                    <asp:Button ID="btnSave" runat="server" Height="30px" Text=
"保 存" Width =" 80px " />           < asp: Button ID =
"btnClear" runat="server" Height="30px" Text="清 空" Width="80px" />
                </td>
            </tr>
        </table>
    </div>
</form>
```

说明：从上面可以看到，学生信息列表展示页、添加学生信息页面、修改密码页面都有相同的导航栏，因此可以使用母版页。使用母版页可以很好地实现界面设计的模块化，并且实现了代码的重用。它的创建与使用普通页面一样，只不过是扩展名为.master，请读者自行实践。

3.5.2 编写修改密码数据访问层代码

由于修改密码是对 UserLogin 表操作，所以需要在 UserLoginDAL 类中定义方法，用于修改用户密码，具体代码如下。

```
public int UpdateUserLogin(string userName, string newPwd)
      {
            string sql ="update UserLogin set Pwd=@pwd where UserName=@UserName";
            SqlParameter[] paras ={
                  //new SqlParameter("@pwd",newPwd),
new SqlParameter("@pwd",SqlDbType.NVarChar,20),
```

```
                //new SqlParameter("@UserName",userName)
new SqlParameter("@UserName",SqlDbType.NVarChar,20)
            };
            paras[0].Value =newPwd;
            paras[1].Value =userName;
            int count =SqlHelper.ExecuteNonQuery(sql, paras);
            return count;
        }
```

说明：此次参数化替换采用了 SqlParameter 类的另一个重载方法，如上加粗代码，第 1 个参数还是占位符，第 2 个参数指占位符字段的数据类型，第 3 个参数指占位符字段的大小/长度。然后再通过 SqlParameter 对象的 Value 属性指明占位符由哪个变量值来代替。

3.5.3　编写修改密码业务逻辑层代码

打开 BLL 层下的 UserLoginBLL 类，在该类中再封装一个修改用户密码的方法，实际就是调用数据访问层修改密码的方法，具体代码如下。

```
public bool UpdateUserLogin(string userName, string newPwd)
        {
            return dal.UpdateUserLogin(userName, newPwd)>0;
        }
```

说明：上面方法的结构与数据访问层的相比就是返回值类型不一样，这里改为 bool 数据类型，主要就是方便在表现层判断是否修改成功。如果不改返回值类型，那么在表现层通过返回值是否大于 0 去判断也可以。

3.5.4　编写修改密码表现层代码

打开 UI 层下的 UpdatePassword.aspx 文件，双击“保存”按钮，为该按钮注册单击事件，具体代码如下。

```
UserLoginBLL bll=new UserLoginBLL();
protected void btnSave_Click(object sender, EventArgs e)
        {
            //获取输入的密码
            string pwd =txtpwd.Text.Trim();
            string newPwd =txtNewpwd.Text.Trim();
            string rePwd =txtRepwd.Text.Trim();
            //判断密码是否为空
            if (string.IsNullOrEmpty(pwd) || string.IsNullOrEmpty(newPwd))
            {
                Response.Write("<script>alert('原始密码和新密码不能为空')</script>");
            }
            else
            {
                //判断两次新密码是否一致
                if (newPwd !=rePwd)
                {
```

```
                Response.Write("<script>alert('两次输入的新密码不一致')
</script>");
            }
            else
            {
                //获取登录用户的实体对象
                UserLogin user =bll.SelectUserLogin(Session["UserName"].
ToString());
                //用户存在且输入的原始密码正确
                if (user !=null &&user.Pwd ==pwd)
                {//执行修改并通过返回值判断是否修改成功
                    if (bll.UpdateUserLogin(Session["UserName"].ToString(),
newPwd))
                    {
                        Response.Write("<script>alert('密码修改成功')
</script>");
                    }
                    else
                    {
                        Response.Write("<script>alert('密码修改失败')
</script>");
                    }
                }
                else
                {
                    Response.Write("<script>alert('输入的原始密码不正确或你
很久未操作,需要重新登录')</script>");
                }
            }
        }
    }
```

要进入修改密码界面要求用户已登录并且 Session["UserName"]未超时,所以要在 Page_Load()事件中进行判断,以保证系统的安全,具体代码如下。

```
protected void Page_Load(object sender, EventArgs e)
    {
        if (Session["UserName"] ==null)
        {
            Session["UserName"] ="";
            Response.Write("<script>alert('你未登录或已超时,请重新登录!');
location='Login.aspx'</script>");
        }
    }
```

运行项目,测试修改密码功能。进入修改密码界面如图 3-19 所示,在此输入正确的原始密码,输入新密码,重复密码与新密码保持一致,单击“保存”按钮,即可成功修改密码,并给出提示。如果输入不合法,则会给出相应的提示。

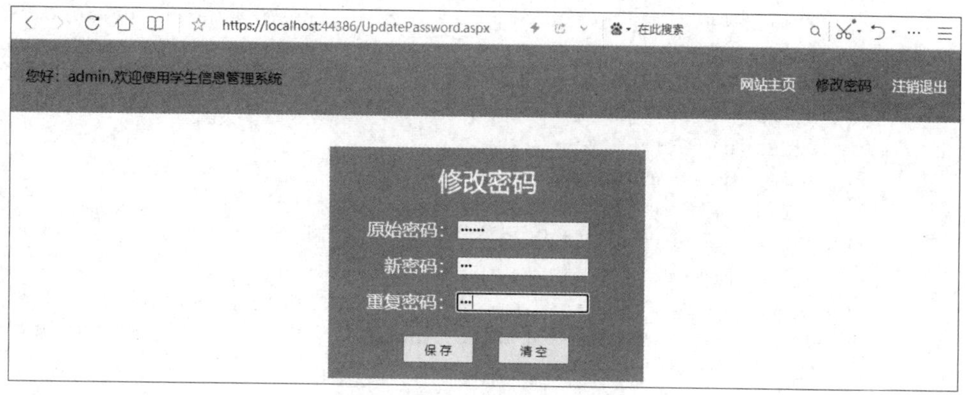

图 3-19　修改密码界面运行效果

3.6　三层架构项目实战——修改学生信息设计与实现

3.6.1　设计修改学生信息的界面

在 UI 层下添加一个 Web 窗体 UpdateStudent.aspx，然后为其设计布局修改学生信息页面，与 AddStudent.aspx 页面差不多，相关代码可以全部复制过来，然后只需要把“添加信息”改为“修改信息”，并增加一个 label 标签，Text 属性改为空，ID 改为 lblID，Visual 设置为 false，该标签的作用是方便记住前一页面单击传递过来的 ID 值。最终效果如图 3-20 所示。

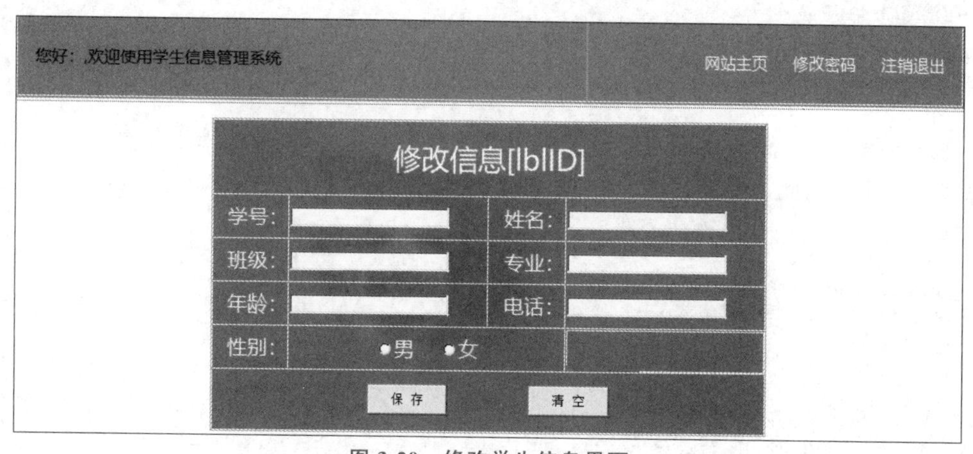

图 3-20　修改学生信息界面

3.6.2　编写修改学生信息数据访问层代码

由于修改学生信息是对 Student 表进行操作，直接在 DAL 层的 StudentDAL 类中添加一个 UpdateStudent()方法用于修改学生信息，具体代码如下。

```
public int UpdateStudent(Student stu)
        {
```

```
            string sql ="update student set Num=@stunum,Name=@stuname,Class=
@stuclass,Speciality=@speciality,Age=@stuage,Phone=@stuphone,Sex=@sex where
ID=@id";
            SqlParameter[] paras =new SqlParameter[] {
        new SqlParameter("@id",stu.ID),
        new SqlParameter("@stunum",stu.Num),
        new SqlParameter("@stuname",stu.Name),
        new SqlParameter("@stuclass",stu.Class),
        new SqlParameter("@speciality",stu.Speciality),
        new SqlParameter("@stuage",stu.Age==null?DBNull.Value:(object)stu.Age),
        new SqlParameter("@stuphone",stu.Phone),
        new SqlParameter("@sex",stu.Sex),
          };
            int count =SqlHelper.ExecuteNonQuery(sql, paras);
            return count;
        }
```

在修改学生信息时有一点值得注意，不能把学号修改为别人的学号，因此在数据访问层还得写一个方法用于查询修改的学号在数据库中是否已经存在，具体代码如下。

```
public int SelectCount(string stuNum, int id)
        {
            string sql ="select count(*) from student where Num=@stunum and Id
not in (@id)";
            SqlParameter[] paras =new SqlParameter[] { new SqlParameter(
"@stunum", stuNum), new SqlParameter("@id", id) };
            int count =Convert.ToInt32(SqlHelper.ExecuteScalar(sql, paras));
            return count;
        }
```

在进入修改学生信息页面时要根据单击的那条记录的ID值查询学生信息，并把原来的信息展示出来。因此还要编写一个根据ID值查询学生信息的方法SelectStudent()，具体代码如下。

```
public Student SelectStudent(int id)
        {
            string sql ="select * from student where ID=@id";
            SqlParameter pa =new SqlParameter("@id", id);
            SqlDataReaderdr =SqlHelper.ExecuteReader(sql, pa);
            Student stu =new Student();
            if (dr.Read())
            {
                stu.ID =dr.GetInt32(0);
                stu.Num =dr.GetString(1);
                stu.Name =dr.GetString(2);
                stu.Sex =dr.GetString(3);
                //此处 dr[4]不使用 dr.GetInt32(4)是因为如果 Age 是 null,dr.GetInt32(4)
                //会报错
                stu.Age =Convert.IsDBNull(dr[4]) ?null : (int?)dr.GetInt32(4);
```

```
                stu.Class =dr.GetString(5);
                stu.Speciality =dr.GetString(6);
                stu.Phone =dr.GetString(7);
            }
            return stu;
        }
```

3.6.3 编写修改学生信息业务逻辑层代码

在 BLL 层下的 StudentBLL 类中定义 UpdateStudent()方法、SelectCount()方法和 SelectStudent()方法，也就是对上面数据访问层的相应方法进行再次封装，前面两个方法把返回值类型改为 bool 类型，方便表现层进行判断，具体代码如下。

```
public bool UpdateStudent(Student stu)
    {
        return dal.UpdateStudent(stu) >0;
    }
    public bool SelectCount(string stuNum, int id)
    {
        return dal.SelectCount(stuNum, id) >0;
    }
    public Student SelectStudent(int id)
    {
        return dal.SelectStudent(id);
    }
```

3.6.4 编写修改学生信息表现层代码

打开 UI 层下的 UpdateStudent.aspx.cs 文件，执行如下操作。

(1) 在 Page_Load()方法中调用业务逻辑层的方法将需要修改的数据显示在界面上，具体代码如下。

```
StudentBLL bll=new StudentBLL();
    protected void Page_Load(object sender, EventArgs e)
        {
            //判断用户是否已经登录或 Session 是否超时
            if (Session["UserName"] ==null)
            {
                Response.Redirect("Login.aspx");
            }
            else
            {
                if (!IsPostBack) //首次加载
                {
                    //获取 get 传值过来的 ID
                    string id =Request.QueryString["ID"];
                    if (string.IsNullOrEmpty(id))
                    {
```

```
                Response.Write("<script>alert('数据有误')</script>");
            }
            else
            {
                Student stu =bll.SelectStudent(Convert.ToInt32(id));
                if (stu ==null)
                {
                    Response.Write("<script>alert(需要修改的用户不存在')
</script>");
                }
                else
                {
                    lblID.Text =stu.ID.ToString();//记住 ID 方便后面判断
                                                  //学号是否唯一
                    txtStuNum.Text =stu.Num;
                    txtStuName.Text =stu.Name;
                    txtStuClass.Text =stu.Class;
                    txtSpeciality.Text =stu.Speciality;
                    txtStuAge.Text =stu.Age ==null ? "" : stu.Age.
ToString();
                    txtStuPhone.Text =stu.Phone;
                    if (stu.Sex=="男")
                    {
                        radbtnB.Checked =true;
                    }
                    else if (stu.Sex =="女")
                    {
                        radbtnG.Checked =true;
                    }
                }
            }
        }
    }
}
```

(2) 为“保存”按钮注册单击事件，该事件中先要判断修改后的学号是否唯一，然后才是将修改后的信息更新到数据库中，具体代码如下。

```
protected void btnSave_Click(object sender, EventArgs e)
    {
        //获取用户输入的数据
        string stuNum =txtStuNum.Text;
        string stuName =txtStuName.Text;
        string stuClass =txtStuClass.Text;
        string speciality =txtSpeciality.Text;
        //判断学号、姓名、班级、专业是否为空
        if (string.IsNullOrEmpty(stuNum))
        {
            Response.Write("<script>alert('学号不能为空')</script>");
        }
```

```
            else if (string.IsNullOrEmpty(stuName))
            {
                Response.Write("<script>alert('姓名不能为空')</script>");
            }
            else if (string.IsNullOrEmpty(stuClass))
            {
                Response.Write("<script>alert('班级不能为空')</script>");
            }
            else if (string.IsNullOrEmpty(speciality))
            {
                Response.Write("<script>alert('专业不能为空')</script>");
            }
            else
            {
                //判断学号是否唯一
                if (bll.SelectCount(stuNum, Convert.ToInt32(lblID.Text)))
                {
                    Response.Write("<script>alert('学号重复')</script>");
                }
                else
                {
                    int age;
                    //创建一个 Student 对象 stu,将修改后的学生信息封装到 stu 中
                    Student stu =new Student();
                    stu.ID =Convert.ToInt32(lblID.Text);
                    stu.Age =int.TryParse(txtStuAge.Text.Trim(), out age) ?(int?)
age : null;
                    stu.Class =stuClass;
                    stu.Sex =radbtnB.Checked ? "男" : (radbtnG.Checked ? "女" : "");
                    stu.Name =stuName;
                    stu.Num =stuNum;
                    stu.Speciality =speciality;
                    stu.Phone =txtStuPhone.Text.Trim();
                    bool isok =bll.UpdateStudent(stu);
                    if (isok)
                    {
                        Response.Write("<script>alert('更新成功');location=
'StudentList.aspx'</script>");//更新成功后跳到列表页
                    }
                    else
                    {
                        Response.Write("<script>alert('修改失败')</script>");
                    }
                }
            }
        }
```

（3）为“清空”按钮注册单击事件，与添加学生信息 AddStudent.aspx 下的清空代码一样，具体代码如下。

```
protected void btnClear_Click(object sender, EventArgs e)
    {
        txtSpeciality.Text = string.Empty;
        txtStuAge.Text = string.Empty;
        txtStuClass.Text = string.Empty;
        txtStuName.Text = string.Empty;
        txtStuNum.Text = string.Empty;
        txtStuPhone.Text = string.Empty;
        radbtnB.Checked = true;
    }
```

(4) 启动运行,测试修改效果。

启动项目运行,输入正确的用户名及密码进入系统,如图 3-21 所示。例如,单击学号为 1004 记录后的“修改”链接,打开如图 3-22 所示的修改学生信息页面。在此修改学生相关字段信息,但是学号不能修改为其他人的学号,否则会给出修改失败的提示。这里假设把姓名“张三”改为“张四”,年龄“21”改为“22”,然后单击“保存”按钮,即给出更新成功提示,单击“确定”按钮后回到信息展示页面,如图 3-23 所示,可以看到修改后的学生信息。

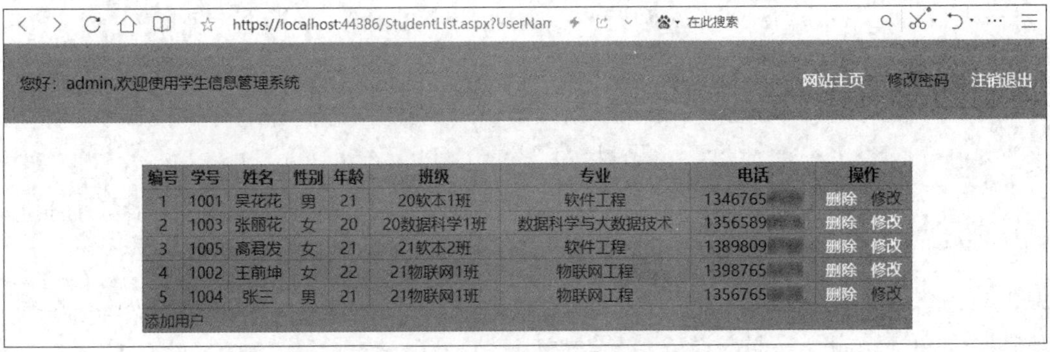

编号	学号	姓名	性别	年龄	班级	专业	电话	操作
1	1001	吴花花	男	21	20软本1班	软件工程	1346765	删除 修改
2	1003	张丽花	女	20	20数据科学1班	数据科学与大数据技术	1356589	删除 修改
3	1005	高君发	女	21	21软本2班	软件工程	1389809	删除 修改
4	1002	王前坤	女	22	21物联网1班	物联网工程	1398765	删除 修改
5	1004	张三	男	21	21物联网1班	物联网工程	1356765	删除 修改

添加用户

图 3-21　学生信息列表展示页面

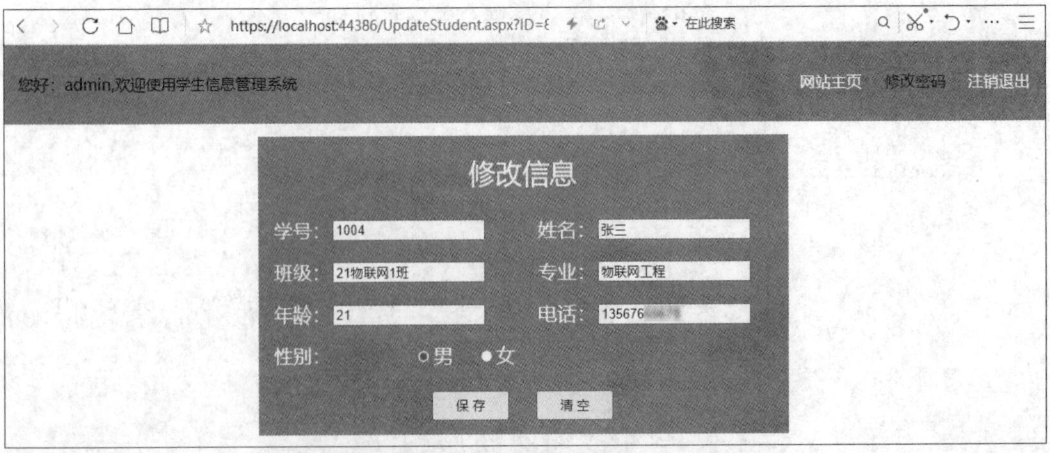

图 3-22　修改学生信息页面

https://localhost:44386/StudentList.aspx　在此搜索

您好：admin,欢迎使用学生信息管理系统　网站主页　修改密码　注销退出

编号	学号	姓名	性别	年龄	班级	专业	电话	操作
1	1001	吴花花	男	21	20软本1班	软件工程	1346765	删除 修改
2	1003	张丽花	女	20	20数据科学1班	数据科学与大数据技术	1356589	删除 修改
3	1005	高君发	女	21	21软本2班	软件工程	1389809	删除 修改
4	1002	王前坤	女	22	21物联网1班	物联网工程	1398765	删除 修改
5	1004	张四	男	22	21物联网1班	物联网工程	1356765	删除 修改

添加用户

图 3-23　显示修改后的学生信息展示页

3.7　三层架构项目实战——删除学生信息设计与实现

在如图 3-21 所示页面中单击某条记录后的“删除”链接，会弹出删除提示框，如果再单击“确定”按钮就会执行删除操作，之后回到如图 3-21 所示页面，如果在删除提示框中单击“取消”按钮，则不执行删除操作。从功能需求上看，删除操作不需要有任何界面，这种需求一般有两种解决方案：一种是利用中转 Web 窗体来解决，即在 Web 窗体的 Page_Load()事件中去处理删除操作，操作之后回到学生信息列表展示页面；另一种是利用一般处理程序来处理，这种处理方式没有任何页面需要渲染，所以效率高。这里采用第二种方式。

3.7.1　一般处理程序的认识

一般处理程序是 Web 项目下才有的文件，扩展名为 ashx，该文件的类实现了 IHttpHandler 接口，这个类用于负责处理它所对应的 URL 的访问请求，并接收客户端发送的请求信息和发送响应内容。一般处理程序不继承自 Page 类，所以没有页面需要渲染，不必消耗太多资源，所以处理性能方面要比 aspx 页面文件高。但是每个处理逻辑都需要一个一般处理程序去处理，项目大的话，处理程序就会需要很多，所以一般处理程序都是在项目个别地方使用。

一般处理程序创建后默认代码如下。

```
public class DeleteStudent : IHttpHandler
    {
        public void ProcessRequest(HttpContext context)
        {
            context.Response.ContentType ="text/plain";
            context.Response.Write("Hello World");
        }

        public bool IsReusable
        {
            get
            {
                return false;//这个属性是用来标识当前一般处理程序的实例是否进行重
                                //用,一般不修改
```

```
            }
        }
    }
```

一般处理程序创建后，默认有一个方法 ProcessRequest()，调用一般处理程序就会执行这个方法，所以一般是修改这个方法的代码来完成项目要做的处理。

该方法参数 HttpContext context 表示请求上下文对象，包含请求处理要使用的信息和对象。

3.7.2 编写删除学生信息数据访问层代码

由于删除学生信息是对 Student 表进行操作，直接在 DAL 层的 StudentDAL 类中添加一个 DeleteStudent()方法用于删除学生信息，具体代码如下。

```
public int DeleteStudent(int id)
    {
        string sql = "delete from student where ID=@id";
        SqlParameter pa =new SqlParameter("@id", id);
        int count =SqlHelper.ExecuteNonQuery(sql, pa);
        return count;
    }
```

3.7.3 编写删除学生信息业务逻辑层代码

在 BLL 层下的 StudentBLL 类中定义 DeleteStudent()方法，对数据库访问层下的 DeleteStudent()方法封装，返回值类型由 int 改为 bool 类型，具体代码如下。

```
public bool DeleteStudent(int id)
    {
        return dal.DeleteStudent(id)>0;
    }
```

3.7.4 通过一般处理程序处理删除(实现表现层)

右击 UI 项目，选择“添加”→“一般处理程序”，取名为 DeleteStudent.ashx，然后编写代码，主要是修改 ProcessRequest()方法，完整代码如下。

```
public class DeleteStudent : IHttpHandler, IRequiresSessionState
    {
        StudentBLL bll =new StudentBLL();
        public void ProcessRequest(HttpContext context)
        {
            //以网页形式显示，默认"text/plain"表示以普通文本形式显示
            context.Response.ContentType = "text/html";
            //context.Response.ContentType = "text/plain";
            //如果用户没有登录或 Session 超时，回到登录页面
```

```
            if (context.Session["UserName"] ==null)
            {
                context.Response.Redirect("Login.aspx");
            }
            else
            {
                //拿到单击时传递过来的 ID 值
                string studentid =context.Request.QueryString["ID"];
                if (string.IsNullOrEmpty(studentid))
                {
                    context.Response.Redirect("StudentList.aspx");
                }
                else
                {
                    //执行删除操作
                    if (bll.DeleteStudent(Convert.ToInt32(studentid)))
                    {
                        context.Response.Write("<script>alert('删除成功');
    location='StudentList.aspx'</script>");//这里要弹出"删除成功"来,上面的 ContentType
                                                    //需要设置为"text/html"
                    }
                    else
                    {
                        context.Response.Write("<script>alert('删除失败')
    </script>");
                    }
                }
            }

        }

        public bool IsReusable
        {
            get
            {
                return false;
            }
        }
    }
}
```

说明：由于 ProcessRequest()方法中应用了 Session，所以类还必须实现 IRequiresSessionState 接口，其他代码含义参见注释。

运行测试，启动项目运行，在学生信息列表展示页面单击某记录后面的"删除"链接，即弹出删除提示框，如图 3-24 所示，单击提示框中的"确定"按钮，则执行删除，并给出删除提示，然后回到列表展示页面，单击"取消"按钮，则不执行任何操作。

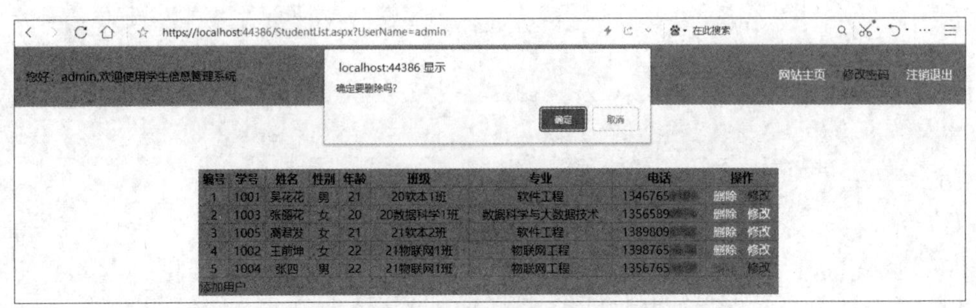

图 3-24　删除学生信息运行效果

3.8　三层架构项目实战——注销退出实现

注销退出的核心是要把 Session["UserName"]设置为 null,同时回到登录页面。该功能也无须页面,因此有两种解决方案：一种是利用中转 Web 窗体来解决,即在 Web 窗体的 Page_Load()事件中去处理注销退出操作,操作之后回到学生信息列表展示页面;另一种是利用一般处理程序来处理,这种处理方式没有任何页面需要渲染,所以效率高。

3.8.1　通过中转页面实现注销退出

在 UI 层添加一个 Web 窗体,命名为 temp.aspx。该 Web 窗体前端不需要做任何设置,只需要在后端 temp.aspx.cs 文件的 Page_Load()事件里编写如下代码即可。

```
protected void Page_Load(object sender, EventArgs e)
    {
        Session["UserName"] =null;
        Response.Write("<script>location='Login.aspx'</script>");
    }
```

测试注销退出效果,例如,登录后进入了信息列表展示页面,然后单击导航栏中的“注销退出”,可以看到回到了登录页面,此时通过浏览器的“后退”按钮又可以回到信息列表展示页面,但是其他操作已无法进行,因为 Session["UserName"]已经为 null。

3.8.2　通过一般处理程序实现注销退出

在 UI 层添加一个一般处理程序,命名为 Loginoff.ashx。打开该一般处理程序,修改 ProcessRequest()方法,修改后代码如下。

```
public void ProcessRequest(HttpContext context)
    {
        context.Response.ContentType = "text/plain";
        context.Session["UserName"] =null;
        context.Response.Redirect("/Login.aspx");
    }
```

注意：由于代码用到了 Session,所以该一般处理程序类 Loginoff 还要实现 IRequiresSessionState 接口。

为了测试，要把 StudentList.aspx、AddStudent.aspx、UpdatePassword.aspx、UpdateStudent.aspx 等几处导航栏的注销退出的超链接改为链接到 Loginoff.ashx，然后进行测试，可以看到同样实现了注销退出效果。

小结

本章首先讲解了三层架构的基本思想及三层架构的优缺点，然后结合一个实战项目实现了一个完整的三层架构的项目，包括三层架构的登录，三层架构的增、删、改、查等功能的实现。通过该项目的实现，读者要熟练掌握设计与实现三层架构项目。

练习与实践

1. 简答题

(1) 实体模型层和数据表之间的关系是什么？

(2) 用自己的话总结三层架构项目的开发流程及注意事项。

(3) 请简述三层架构各个层之间的作用。

2. 实践题

拓展本章实例——三层架构的学生信息管理系统，增加专业管理功能，具体改变如下。

(1) 添加和修改学生信息时，“专业”都以下拉列表框形式显示，供用户选择。

(2) 在学生信息列表展示页面的“添加用户”右侧增加一个链接“专业管理”，单击“专业管理”链接，进入专业管理的信息列表展示页面，该页面的布局可以参考学生信息列表展示页，该页面也要包含对专业信息的增、删、改、查入口，通过这些入口进入可以实现对专业的管理。

提示：数据库中需要增加一张存储专业信息的表，字段一般含有 ID、专业名称、所在院部等，具体字段名、表名称自定义。

第4章　异步处理与分页技术

当一个网页中需要展示的数据量比较大时，通常都会使用分页处理，但是当用户进行翻页浏览时，刷新整个页面会影响用户体验，当然还有很多情况只需要局部刷新页面内容，却整个页面刷新了，都会影响用户体验。本章学习的异步处理就是用于实现不刷新当前整个页面来显示或更新局部数据内容，即无刷新更新页面。

学习目标

(1) 能够使用异步操作请求数据。

(2) 掌握异步分页实现技术，并能够在实际开发中应用。

思政目标及设计建议

根据新时代软件工程师应该具备的基本素养，挖掘课程思政元素，有机融入教学中，本章思政目标及设计建议如表4-1所示。

表4-1　第4章思政目标及设计建议

思政目标	思政元素及融入
培养分析问题的能力	通过异步登录实例和异步分页实例的实现过程培养学生分析问题的能力
培养自主探索、敬业、专注的工匠精神	通过课前自主学习，培养自主探索、敬业、专注的工匠精神

4.1　异步基本概念

1. 异步概念

异步是一种处理事务的方式，例如，走路时可以同时听音乐，听音乐不影响走路，这两件事可以同时进行。同样，在程序中也可以这样做，当一个页面运行时，通过异步操作可以实现不影响当前页面正常浏览的情况下执行其他操作，也就是异步可以实现网页的无刷新更新数据。

异步也叫AJAX，即Asynchronous JavaScript And XML，表示异步的JavaScript和XML。

注意：异步不是一种编程语言，而是一种应用技术，实现异步功能的代码必须写在<Script>标签中。

异步在发出请求后就去继续做别的操作，等到这个请求有回应时再通知你，这时就可以处理这个回应了，也就是可以同时做几件事。

同步是在发出一个请求后，一直要等到请求有回应后才能继续其他的操作，也就是做完一件事情才能做另外一件事。

2. 异步 Get/Post 请求

在异步请求方式中也分为 Get/Post 请求。

(1) Get：Get 请求是将数据放在请求的 URL 中。使用异步方式发送 Get 请求的示例代码如下。

```
xmlhttp.open("Get","demo_get.aspx",true);
xmlhttp.send();//表示请求开始发送
```

xmlhttp 表示异步对象；第 2 个参数表示接收数据的页面处理程序；第 3 个参数表示是否为异步请求，true 表示为异步请求；方法 send()表示请求开始发送。

(2) Post：Post 请求是将数据放到请求报文中。与 Get 请求的区别在于第 1 个参数不同，其他含义一样，示例代码如下。

```
xmlhttp.open("Post","demo_post.aspx",true);
xmlhttp.send();
```

4.2　实现异步登录实例

学习了异步的基本概念之后，接下来通过一个简单的异步登录实例来学习异步操作在实际代码中的使用。

1. 创建登录界面

打开 Visual Studio 2022，创建一个空白的项目名称为 AjaxLogin 的 ASP.NET Web 应用程序(.NET Framework)，如图 4-1 和图 4-2 所示。然后在 AjaxLogin 项目下新建一个名

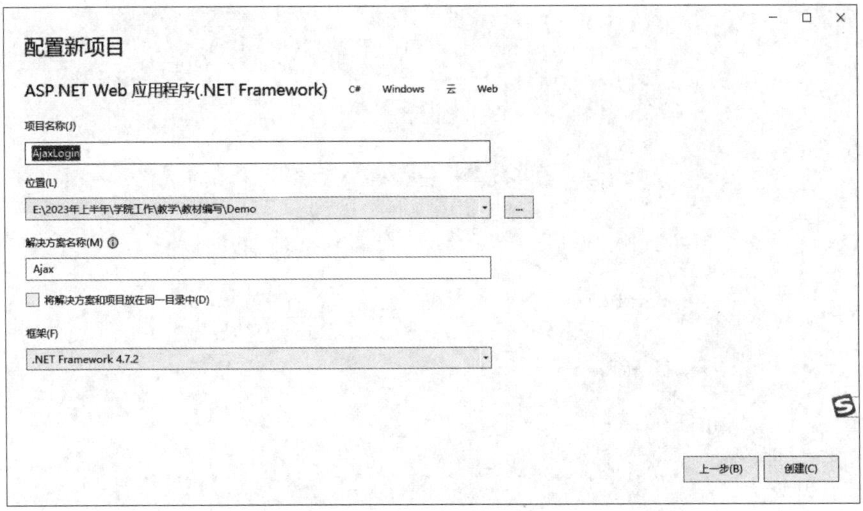

图 4-1　项目名称设置界面

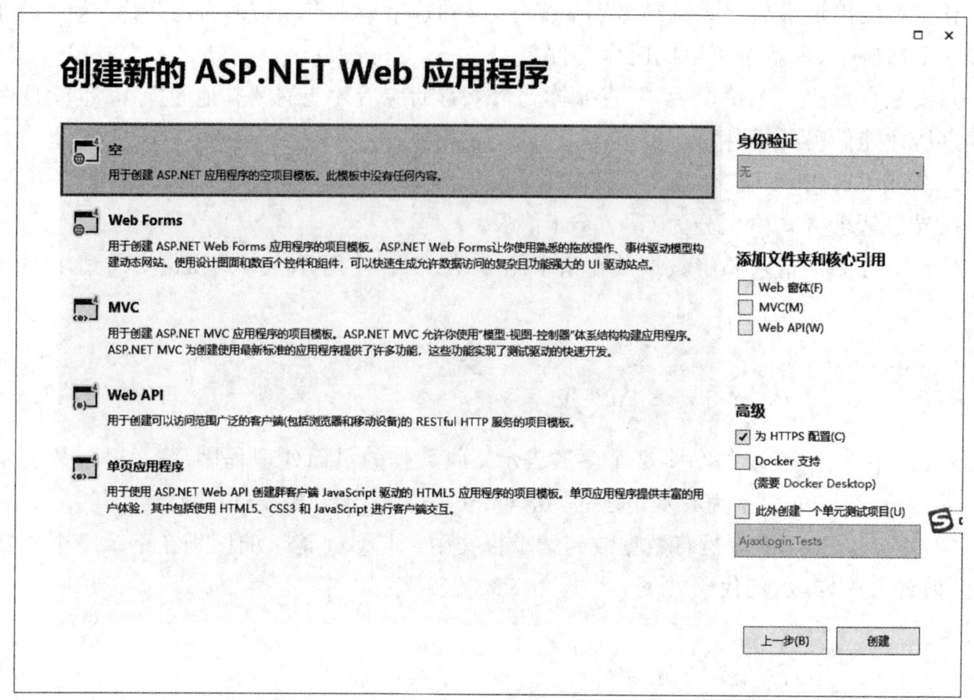

图 4-2　创建空白的 ASP.NET Web 应用程序

称为 Login.aspx 的 Web 窗体作为登录界面，并编写如下 HTML 代码。

```
<body>
    <form id="form1" runat="server">
        <div>
            <table>
                <tr>
                    <td>用户名:</td>
                    <td>
                        <input type="text" id="txtName" />
                    </td>
                </tr>
                <tr>
                    <td>密码:</td>
                    <td>
                        <input type="password" id="txtPwd" />
                    </td>
                </tr>
                <tr>
                    <td colspan="2">
                        <input type="button" value="登录" id="btnLogin" />
                    </td>
                </tr>
            </table>
        </div>
    </form>
</body>
```

在上述代码中，通过一个 table 布局实现登录界面，其中包括一个 type 为 text 的 input 控件，一个 type 为 password 的 input 控件和一个 type 为 button 的 input 控件。启动运行效果如图 4-3 所示。

图 4-3　启动运行效果

说明：在启动运行前需要在项目的 Web.config 文件中添加以下代码，否则会报"检测到在集成的托管管道模式下不适用的 ASP.NET 设置"错误。

```
<system.webServer>
    <validation validateIntegratedModeConfiguration="false" />
</system.webServer>
```

2. 实现异步操作

在页面中编写异步操作的 JavaScript 代码，这些代码放在<script></script>标签中，并将这些代码放在<head>标签内，具体实现代码及含义如下。

```
<script type="text/javascript">
        window.onload =function() {
            //获取 button 按钮
            var btnLogin =document.getElementById("btnLogin");
            btnLogin.onclick =function() {
                //发送异步请求
                var xhr; //(1)定义一个异步对象变量
                //(2)创建(实例化)异步对象
                if (XMLHttpRequest) //XMLHttpRequest 前省略了 window.,用于检测
                                    //window 下 XMLHttpRequest 对象是否可用,可用就
                                    //是 true。非 IE 浏览器都可用
                {
                    //非 IE 浏览器下创建(实例化)异步对象
                    xhr =new XMLHttpRequest();
                }
                else {
                    //IE 浏览器(IE 5.0\IE 6.0)创建(实例化)异步对象
                    xhr =new ActiveXObject("Microsoft.XMLHTTP");
                }
                //(3)拿到用户名和密码
                var txtName =document.getElementById("txtName");
                var txtPwd =document.getElementById("txtPwd");
                //由于是 Get 请求,所以要将数据拼接到 URL 上
                var strUrl ="ProcessLogin.ashx? name=" +txtName.value +"&pwd=" +
txtPwd.value;
                //(4)异步请求提交到后台地址
                xhr.open("Get",strUrl, true);
                xhr.send();          //发送异步请求
```

```
                //(5)上面发送了异步请求,然后监听页面状态
                xhr.onreadystatechange = function() {
                    if (xhr.readyState == 4 && xhr.status == 200) {
                        if (xhr.responseText == "ok") {
                            window.location.href = "main.aspx";
                        }
                        else {
                            alert(xhr.responseText);
                        }
                    };
                };
            };
        };
    </script>
```

每个载入浏览器的 HTML 文档都会成为 Document 对象。通过 Document 对象可以从脚本中对 HTML 页面中的所有元素进行访问。

上述代码中,通过 document.getElementById("btnLogin")获取"登录"按钮,然后给该按钮添加 onclick 单击事件,在该事件中来实现异步操作。异步操作主要有三个步骤,首先创建异步对象 xhr,然后通过 open()方法确定异步请求方式并调用 send()方法发送请求,最后用异步对象的 onreadystatechange 属性监听页面状态并做出处理。

异步对象 XMLHttpRequest 的 responseText 属性用于获取字符串形式的响应数据;responseXML 属性获得 XML 形式的响应数据。

XMLHttpRequest 对象的 status 属性表示页面的状态,状态码 200 表示页面响应完毕返回"ok",状态码 404 表示页面未找到,返回文字"未找到页面"。

XMLHttpRequest 对象的 readyState 属性用于存储 XMLHttpRequest 的状态信息,属性值有 5 种情况,如表 4-2 所示。

表 4-2 readyState 属性

属 性 值	描 述
0	请求未初始化
1	服务器连接已建立
2	请求已接收
3	请求处理中
4	请求已完成,且响应已就绪

3. 添加处理异步请求的一般处理程序

完成上述发送异步请求的 JavaScript 脚本代码后,接下来编写处理异步请求的代码,在 AjaxLogin 项目下添加一个名称为 ProccessLogin.ashx 的一般处理程序和名称为 main.aspx 的 Web 页面,并在 ProccessLogin.ashx 一般处理程序中编写处理代码,具体代码如下。

```
public void ProcessRequest(HttpContext context)
    {
```

```
        context.Response.ContentType ="text/plain";
        //获取用户名和密码。name 与 pwd 一定要与 Get 请求传递过来的参数名保持一致
        string strName =context.Request["name"];
        string strPwd =context.Request["pwd"];
        //这里假设用户名为 admin,密码为 123456,输出 ok
        if (strName =="admin" && strPwd =="123456")
        {
            context.Response.Write("ok");
        }
        else
        {
            context.Response.Write("用户名或密码错误");
        }
    }
```

上述代码用于接收登录页面异步提交过来的 Get 请求，并获取用户名、密码，当用户名和密码都正确时返回“ok”，错误则返回提示信息。返回的信息交给步骤 2 中的 onreadystatechange 函数进行处理，当用户名为 admin、密码为 123456 时返回值为 ok，通过 window.location.href 将页面跳转到 main.aspx 主页。

在 main.aspx 页面中只输出“欢迎光临！”几个字符。

为了更方便地运行项目，把 Login.aspx 设置为起始页。然后启动运行测试效果。启动后输入正确的用户名 admin，密码 123456，如图 4-4 所示。单击“登录”按钮后效果如图 4-5 所示。如果输入了错误的用户名或密码都会给出“用户名或密码错误”的提示。

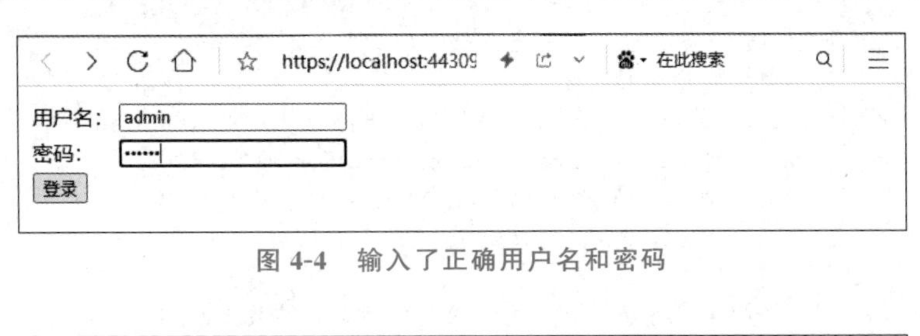

图 4-4　输入了正确用户名和密码

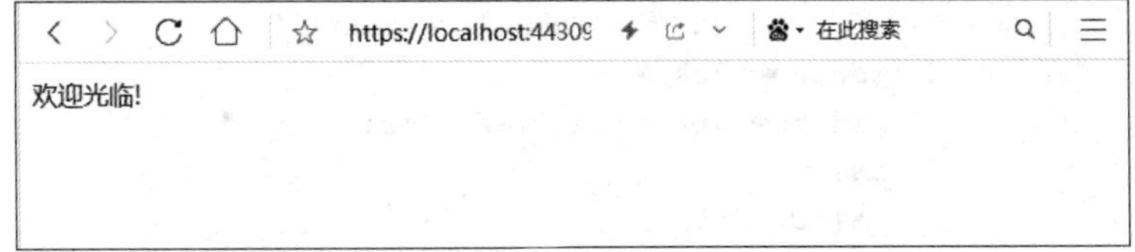

图 4-5　输入正确用户名和密码的运行结果

4.3　封装异步方法

异步发送请求的代码经常使用，代码内容基本一致，需要改变的只有请求的方法、请求的地址、返回响应时执行的方法（也称为回调函数），所以可以将发送异步请求的代码封装到一个方法中，封装后的代码如下。

```
//第 1 个参数为请求的方法,第 2 个参数为请求的地址,第 3 个参数为回调函数
function myAjax(httpMethod, url, callback) {
            var xhr; //定义一个异步对象
            if (XMLHttpRequest) //if (window.XMLHttpRequest) 检测 window 下
                                 //XMLHttpRequest 对象是否可用,非 IE 浏览器都可用
            {
                //非 IE 浏览下创建(实例化)异步对象
                xhr =new XMLHttpRequest();
            }
            else {
                //IE 浏览器(IE 5.0\IE 6.0)创建(实例化)异步对象方式
                xhr =new ActiveXObject("Microsoft.XMLHTTP");
            }
            xhr.open(httpMethod, url, true);
            xhr.send();
            xhr.onreadystatechange =function() {
                if (xhr.readyState ==4 && xhr.status ==200) {
                    callback(xhr.responseText);
                }
            }
        }
```

有了封装后的异步方法 myAjax 之后，window.onload 方法可以改为如下所示。

```
window.onload =function() {
            var btnLogin =document.getElementById("btnLogin");
            btnLogin.onclick =function() {
                //拿到用户名和密码
                var txtName =document.getElementById("txtName");
                var txtPwd =document.getElementById("txtPwd");
                //由于是 Get 请求,所以要将数据拼接到 URL 上
                var strUrl ="ProcessLogin.ashx? name=" +txtName.value +"&pwd=" +
txtPwd.value;
                //调用异步方法,data 为请求处理后返回的数据,加粗代码为回调函数
                myAjax("get", strUrl, function (data) {
                    if (data =="ok") {
                        window.location.href ="main.aspx";
                    } else {
                        alert(data);
                    }
                });


            };
        };
```

说明：以上两段代码均需放在<script type="text/javascript"></script>标签内。替换掉 4.2 节中<script type="text/javascript"></script>标签内代码。运行测试，效果与 4.2 节相同。

4.4　使用 jQuery 进行异步操作

4.3 节已经封装了一个异步处理的方法，使用起来也比较简单，但是适应不了各种需求的变化，针对此问题，John Resig（jQuery 的创始人）封装了一些常用的 JavaScript 操作的库，称为 jQuery。要在项目中使用 jQuery，需要先把 jQuery 文件复制到项目中，如 jquery-3.4.1.js。

说明：在创建 ASP.NET Web 应用程序（.NET Framework）时，只要不创建空的项目，那么创建项目后就会在项目下有一个 Scripts 文件夹，该文件夹下就包括 jQuery 相关文件，可以通过该方法得到需要的 jQuery 文件。

此外，jQuery 的基础知识需要先学习，该知识不在本书中讲解，请读者自行参阅相关书籍学习。

把该 jQuery 文件（jquery-3.4.1.js）复制到 4.2 节实例项目中。下面就通过 jQuery 来实现上面的异步登录操作，修改<script>标签中的代码如下。

```
<script src="jquery-3.4.1.js"></script>
<script type="text/javascript">
  //-----------------使用 jQuery 进行异步操作--------------------
    $(function() {
        $("#btnLogin").click(function() {
            var txtName =$("#txtName").val();
            var txtPwd =$("#txtPwd").val();
             $.get("ProcessLogin.ashx", { name: txtName, pwd: txtPwd }, function
(data) {
                if (data =="ok") {
                    window.location.href ="main.aspx";
                }
                else {
                    alert(data);
                }
            });
        });
    })
</script>
```

上述代码实现了使用 jQuery 实现异步方式发送 Get 请求的功能。其中，通过 click()方法实现单击事件，通过 val()方法获取标签的文本值，通过 get()方法进行异步提交操作。其中，get()方法的第 1 个参数表示发送请求的后台页面地址，第 2 个参数表示发送到后台的数据，第 3 个参数是回调函数，data 表示的是后台响应后传回来的消息。

重新运行程序，效果与 4.2 节和 4.3 节一样。但是这里使用的代码更简洁了，实际开发中一般也会使用 jQuery 进行异步处理，因为它不仅可以使代码更简洁，而且适用场景更多。

4.5 异步分页

4.5.1 分页技术实现原理

当需要在网页上展示较多数据时,往往一个页面无法完全展示,所以通常都会将数据分页展示,由于变化的内容只是网页中的一部分,通常都会使用异步分页来实现,以提高用户体验。

分页的实质就是当单击某一页的链接(页码)时,将该页的数据查询出来,那么需要知道以下几个参数。

(1) total:数据的总条数,用于计算总共有多少页,从而显示相应的分页标签。

(2) pageSize:每页显示多少条数据(往往需要设定一个默认值)。

(3) pageIndex:当前需要单击的页码(一般设定默认值为 1,即默认为首页)。

例如,默认每页 5 条数据,要显示第 5 页数据。实现思想如下。

(1) 根据当前页码 PageIndex(5)和每页显示多少条数据 PageSize(5),算出前面有 20 条数据。

(2) 查询出前面的 20 条数据,根据 ID 排序,再查询这前 20 条数据的后 5 条数据,也就是第 21～25 条数据。

即分页的 SQL 语句如下。

```
int preTotalSize=pageSize * (pageIndex-1);
string pageSql="select top @pageSize * from tableName where Id not in (select
top @preTotalSize Id from tableName Order by Id) Order by Id";
```

Order by 默认为升序排序(Asc),降序要写明关键字 Desc。上面的 SQL 语句先执行 where,再执行 Order by(对结果进行排序)。

4.5.2 异步分页实例

接下来,通过一个异步分页的案例来巩固和加深对异步知识的掌握。本实例使用到 ASPNETDemoDataBase 数据库下的 tabProInfo 数据表(产品信息表),表中有若干条记录,表结构如图 4-6 所示。

列名	数据类型	允许 Null 值
proID	varchar(12)	☐
proName	nvarchar(50)	☑
proUnit	nvarchar(10)	☑
proPrice	float	☑
proNumber	int	☑

图 4-6 tabProInfo 数据表结构

1. 实现前端界面

在 4.2 节的 AJAX 解决方案下再创建一个名称为 AjaxPaging 的空的 ASP.NET Web 应用程序(.NET Framework),然后添加一个 ProInfoList.html 页面,实现产品信息列表页,具体代码如下。

```
<table>
        <!--==============表头信息================-->
        <thead>
            <tr>
                <th>产品编号</th>
                <th>产品名称</th>
                <th>产品单位</th>
                <th>产品单价</th>
                <th>数量</th>
            </tr>
        </thead>
        <tbody id="tbBody">

        </tbody>
</table>
```

上述代码实现了基本的产品信息表的展示页面，但是表格中没有具体的数据，所以需要通过异步方式来获取数据库中产品信息表的数据。接下来，在项目中创建一个名称为TabProInfo.cs的实体模型类，该类的对象用于保存从数据库中查询到的数据，具体代码如下。

```
public class TabProInfo
    {
        public string ProID { get; set; }
        public string ProName { get; set; }
        public string ProUnit { get; set; }
        public float ProPrice { get; set; }
        public int ProNumber { get; set; }
    }
```

上述代码实现了一个产品信息表的数据实体模型类，该类中的属性与数据表中需要查询的字段一一对应。

2. web.config 文件配置连接数据库的字符串

```
<connectionStrings>
    <add name="connectionStr" connectionString="server=.;uid=sa;pwd=123456;
database=ASPNETDemoDataBase"/>
</connectionStrings>
```

3. 添加 SqlHelper 工具类，方便操纵数据库

把第2章封装好的SqlHelper工具类复制到当前项目下即可。

4. 添加 GetProInfoList 工具类，类中添加两个方法

由于每页数据实质就是一些实体对象的集合，而每一行数据就是一个实体，所以在GetProInfoList工具类添加两个方法。DataRowToModel()方法将每一行数据封装成一个实体对象，DataTableToList()方法将表格数据封装成一个实体对象的集合，具体代码如下。

```
public class GetProInfoList
{
```

```
//将每一行的数据保存到实体类中,返回数据实体对象
public TabProInfo DataRowToModel(DataRow row)
{
    TabProInfo proInfo =new TabProInfo();
    if (row !=null)
    {
      if (row["proID"] !=null)
      {
          proInfo.ProID =row["proID"].ToString();
      }
      if (row["proName"] !=null)
      {
          proInfo.ProName =row["proName"].ToString();
       }
      if (row["proUnit"] !=null)
       {
          proInfo.ProUnit =row["proUnit"].ToString();
       }
     if (row["proPrice"] !=null && row["proPrice"].ToString() !="")
       {
        proInfo.ProPrice =float.Parse(row["proPrice"].ToString());
       }
   if (row["proNumber"] !=null && row["proNumber"].ToString() !="")
   {
        proInfo.ProNumber =int.Parse(row["proNumber"].ToString());
     }
    }
     return proInfo;
}
    //遍历数据表中有多少行并调用 DataRowToModel()方法,返回一个 Model 的集合
    public List<TabProInfo>  DataTableToList(DataTable dt)
    {
        List<TabProInfo>  modelList =new List<TabProInfo>();
        int rowsCount =dt.Rows.Count;
        if (rowsCount >0)
        {
            TabProInfo proInfo;
            for (int i =0; i <rowsCount; i++)
            {
                proInfo =DataRowToModel(dt.Rows[i]);
                if (proInfo !=null)
                {
                    modelList.Add(proInfo);
                }
            }
        }
        return modelList;
    }
}
```

说明：此工具类中的两个方法涉及具体数据表，所以一般不放到 SqlHelper 工具类中。

5. 将数据显示到界面上

在项目 AjaxPaging 下添加一般处理程序 LoadAllProInfo.ashx，用于处理发送过来请求所需数据，具体代码如下。

```
public void ProcessRequest(HttpContext context)
        {
            context.Response.ContentType = "text/plain";
            string pageSql = "select * from tabProInfo";
            DataTable dt = SqlHelper.ExecuteDataTable(pageSql, null);
            GetProInfoList proInfoList = new GetProInfoList();
            List<TabProInfo> listData = proInfoList.DataTableToList(dt);
            JavaScriptSerializer jsJavaScriptSerializer = new JavaScriptSerializer();
            //将实体对象转换成 JSON 格式输出
            string jsonStr = jsJavaScriptSerializer.Serialize(listData);
            context.Response.Write(jsonStr);
        }
```

上述代码实现了从数据库中查询所有数据并返回给请求页面。其中，调用 SqlHelper 工具类的 ExecuteDataTable()方法将查询所有数据变成 DataTable，然后通过 DataTableToList()方法将 DataTable 数据转换成数据实体对象的集合 listData，最后通过 JavaScriptSerializer 对象将 listData 数据转换成 JSON 格式输出。

JSON 数据格式示例：

```
{"userInfo":[
            {"name":"xdz","password":"123456"},
            {"name":"zss","password":"123456"}
]}
```

6. 发送异步请求展示数据

通过 ProInfoList.html 发送异步请求，使之打开该页面就显示产品信息表(tabProInfo)全部数据。打开 ProInfoList.html 文件，在<head>标签内添加以下代码。

```
<script src="jquery-3.4.1.js"></script>

<script type="text/javascript">
        $(function() {
            initTable();
        });
        function initTable() {
            $.ajax({
                url: "/LoadAllProInfo.ashx",  //发送请求的地址
                data: "",                     //发送到服务器上的数据
                dataType: "json",             //后台返回数据的类型
                type: "post",                 //不写该参数,默认为 Get
              //执行成功的回调函数
                success: function (data) {    //data 为处理请求后返回的数据
```

```
                $("#tbBody").html("");
                for (var key in data) {
                    var strTr ="<tr>";
                    strTr +="<td>" +data[key].ProID +"</td>";
                    strTr +="<td>" +data[key].ProName +"</td>";
                    strTr +="<td>" +data[key].ProUnit +"</td>";
                    strTr +="<td>" +data[key].ProPrice +"</td>";
                    strTr +="<td>" +data[key].ProNumber +"</td>";
                    strTr +="</tr>";
                    $("#tbBody").append(strTr);
                }
            }
        });
    }
</script>
```

说明：这里需要用到 jquery-3.4.1.js 文件，因此需要把该文件添加到 AjaxPaging 项目下。

上述代码实现了将 LoadAllProInfo.ashx 获取到的数据以表格的形式显示到页面上，其中，通过异步 Post 方式发送请求，并在 initTable()方法中对数据进行遍历，然后通过 id 选择器获取到<tbody>标签，并将数据追加到对应位置。

测试运行前，还需要以下代码复制到当前项目的 web.config 中，并设置启动项为当前选定内容。

```
<system.webServer>
    <validation validateIntegratedModeConfiguration="false" />
</system.webServer>
```

启动运行，效果如图 4-7 所示。

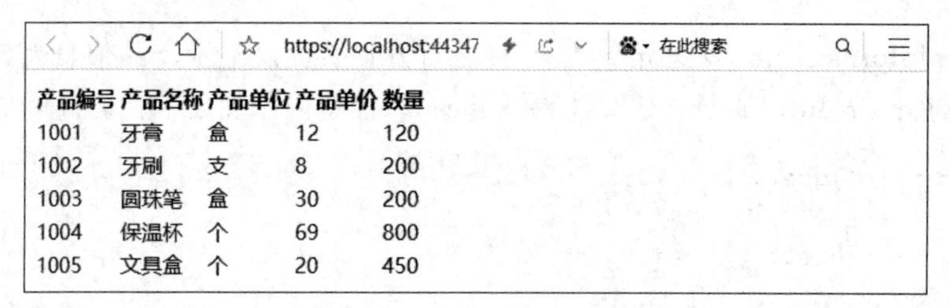

产品编号	产品名称	产品单位	产品单价	数量
1001	牙膏	盒	12	120
1002	牙刷	支	8	200
1003	圆珠笔	盒	30	200
1004	保温杯	个	69	800
1005	文具盒	个	20	450

图 4-7　产品信息展示列表

7. 添加表格样式

为了让产品信息列表看起来更加美观，接下来为表格添加 CSS 样式，在项目下建立一个 css 文件夹，然后在 css 文件夹里添加一个名称为 tableStyle.css 的样式表，样式表代码如下。

```
/* 表格标题字体 */
table-title {
    font-weight: bold;
    font-size: 20px;
```

```
    color: #333;
}
/* 表格样式 */
table {
    width: 100%;
    border-collapse: collapse; /* 合并单元格边框 */
    font-size: 16px;
    color: #666;
}
    /* 表头样式 */
    table thead th {
        background-color: #ddd;
        border: thin solid #bbb;
        padding: 10px;
        text-align: center;
    }
    /* 单数行背景色 */
    table tbody tr:nth-child(odd) {
        background-color: #f9f9f9;
    }
    /* 鼠标移过时高亮 */
    table tbody tr:hover {
        background-color: #f5f5f5;
    }
    /* 单元格样式 */
    table td {
        border: thin solid #bbb;
        padding: 10px;
        text-align: center;
    }
```

在 ProInfoList.html 文件中引入该样式表，代码如下。

```
<link href="css/tableStyle.css" rel="stylesheet" />
```

添加表格样式后，重新运行程序，效果如图 4-8 所示。当然，对表格样式可以自己修改，直到自己满意为止。

https://localhost:44347　在此搜索

产品编号	产品名称	产品单位	产品单价	数量
1001	牙膏	盒	12	120
1002	牙刷	支	8	200
1003	圆珠笔	盒	30	200
1004	保温杯	个	69	800
1005	文具盒	个	20	450

图 4-8　产品信息展示列表添加样式表后的运行效果

8. 添加分页标签

在实际开发中,为了提高开发效率,通常都会使用一些已经写好的工具类来实现分页标签。在项目中添加 PagingHelper.cs 工具类,在该类中定义一个名称为 ShowPageNavigate()的静态方法,用于根据传递的参数生成相应的分页标签,具体代码如下。

```
public class PagingHelper
    {
        /// <summary>
        /// </summary>
        /// <param name="pageSize">一页多少条</param>
        /// <param name="currentPage">当前页</param>
        /// <param name="totalCount">总条数</param>
        /// <returns></returns>
        public static string ShowPageNavigate(int pageSize, int currentPage, int
totalCount)
        {
            string redirectTo ="";
            //一页默认 5 条数据
            pageSize =pageSize ==0 ? 5 : pageSize;
            //获取总页数
            var totalPages =Math.Max((totalCount +pageSize -1) / pageSize, 1);
            var output =new StringBuilder();
            if (totalPages >1)
            {
                if (currentPage !=1)
                {//处理首页链接
                    output.AppendFormat("<a class='pageLink' href='{0}?pageIndex=
1&pageSize={1}'>首页</a>", redirectTo, pageSize);
                }
                if (currentPage >1)
                {//处理上一页的链接
                    output.AppendFormat("<a class='pageLink' href='{0}?pageIndex=
{1}&pageSize={2}'>上一页</a>", redirectTo, currentPage -1, pageSize);
                }

                output.Append(" ");
                int currint =5;
                for (int i =0; i <=10; i++)
                {//一共最多显示 10 个页码,前面 5 个,后面 5 个
                    if ((currentPage + i - currint) >= 1 && (currentPage + i -
currint) <=totalPages)
                    {
                        if (currint ==i)
                        {//当前页处理
                            //output.Append(string.Format("[{0}]", currentPage));
                            output.AppendFormat("<a class='cpb' href='{0}
?pageIndex={1}&pageSize={2}'>{3}</a>", redirectTo, currentPage, pageSize,
currentPage);
                        }
```

```
                        else
                        {//一般页处理
                            output.AppendFormat("<a class='pageLink' href='{0}?
pageIndex={1}&pageSize={2}'>{3}</a>", redirectTo, currentPage + i - currint,
pageSize, currentPage + i - currint);
                        }
                    }
                    output.Append(" ");
                }
                if (currentPage < totalPages)
                {//处理下一页的链接
                    output.AppendFormat("<a class='pageLink' href='{0}?pageIndex=
{1}&pageSize={2}'>下一页</a>", redirectTo, currentPage + 1, pageSize);
                }
                else
                {
                    //output.Append("<span class='pageLink'>下一页</span>");
                }
                output.Append(" ");
                if (currentPage != totalPages)
                {
                    output.AppendFormat("<a class='pageLink' href='{0}?pageIndex=
{1}&pageSize={2}'>末页</a>", redirectTo, totalPages, pageSize);
                }
                output.Append(" ");
            }
            output.AppendFormat("第{0}页 / 共{1}页", currentPage, totalPages);
            return output.ToString();
        }
    }
```

再在项目中css文件夹下添加分页样式，名称为NavPager.css，代码如下。

```
.paginator
{
    font: 12px Arial, Helvetica, sans-serif;
    padding: 10px 20px 10px 0;
    margin: 0px;
}
.paginator a
{
    border: solid 1px #ccc;
    color: #0063dc;
    cursor: pointer;
    text-decoration: none;
}
.paginator a:visited
{
    padding: 1px 6px;
    border: solid 1px #ddd;
```

```
    background: #fff;
    text-decoration: none;
}
.paginator .cpb
{
    border: 1px solid #F50;
    font-weight: 700;
    color: #F50;
    background-color: #ffeee5;
}
.paginator a:hover
{
    border: solid 1px #F50;
    color: #f60;
    text-decoration: none;
}
.paginator a, .paginator a:visited, .paginator .cpb, .paginator a:hover
{
    float: left;
    height: 16px;
    line-height: 16px;
    min-width: 10px;
    _width: 10px;
    margin-right: 5px;
    text-align: center;
    white-space: nowrap;
    font-size: 12px;
    font-family: Arial,SimSun;
    padding: 0 3px;
}
```

接下来，修改 LoadAllProInfo.ashx 中的代码，将分页的 HTML 代码输出到 ProInfoList.html 中，修改后的代码为如下加粗代码。

```
public void ProcessRequest(HttpContext context)
        {
            context.Response.ContentType = "text/plain";
            int pageSize = int.Parse(context.Request["pageSize"] ?? "5"); //??表
//示 context.Request["pageSize"]为空，则把后面的 5 转换为整型
            int pageIndex = int.Parse(context.Request["pageIndex"] ?? "1");
            //查询出数据库中总的记录条数
             int total = 0;
             string sql = "select count(*) from tabProInfo";
             total = Convert.ToInt32(SqlHelper.ExecuteScalar(sql));
            //获取数据库中的数据
            string pageSql = "select * from tabProInfo";
            DataTable dt = SqlHelper.ExecuteDataTable(pageSql, null);
            GetProInfoList proInfoList = new GetProInfoList();
            List<TabProInfo> listData = proInfoList.DataTableToList(dt);
```

```
            //返回分页超链接标签
            string strNavHtml =PagingHelper.ShowPageNavigate(pageSize,
pageIndex, total);
            JavaScriptSerializer jsJavaScriptSerializer =new
JavaScriptSerializer();
            //将数据对象集合和分页标签合并成一个匿名对象
            var data =new { NewList =listData, NavHtml =strNavHtml };
            //将合并后的数据对象序列化
            string jsonStr =jsJavaScriptSerializer.Serialize(data);
            context.Response.Write(jsonStr);
        }
```

上述代码实现了将分页标签和数据一起输出到前端页面。其中调用了 PagingHelper 工具类的 ShowPageNavigate()方法获取分页标签，该方法需要传递三个参数，参数 pageSize 表示每一页显示的数据条数，pageIndex 表示当前浏览的页码，total 表示数据的总条数。然后将数据和分页标签字符串封装到匿名对象 data 中，并进行序列化操作。

ProInfoList.html 发送异步请求的代码及 HTML 代码也需要做相应更改，主要是因为回调函数返回的 data 对象现在是由数据和分页标签两部分组成，而循环遍历的是数据部分，另外需要添加分页标签，具体修改为如下加粗代码。

```
//引入分页样式表
<link href="css/NavPager.css" rel="stylesheet" />
<script type="text/javascript">
        $(function() {
            initTable();
        });
        function initTable() {
            $.ajax({
                url: "LoadAllProInfo.ashx", //发送请求的地址
                data: "",                   //发送到服务器上的数据
                dataType: "json",           //后台返回数据的类型
                type: "post",               //不写该参数,默认为 Get
                //执行成功的回调函数
                success: function (data) {  //data 为处理请求后返回的对象
                    $("#tbBody").html("");
                    for (var key in data.NewList) {
                        var strTr ="<tr>";
                        strTr +="<td>" +data.NewList[key].ProID +"</td>";
                        strTr +="<td>" +data.NewList[key].ProName +"</td>";
                        strTr +="<td>" +data.NewList[key].ProUnit +"</td>";
                        strTr +="<td>" +data.NewList[key].ProPrice +"</td>";
                        strTr +="<td>" +data.NewList[key].ProNumber +"</td>";
                        strTr +="</tr>";
                        $("#tbBody").append(strTr);
                    }
                    //添加分页标签
                    $("#NavLink").html(data.NavHtml);
```

```
                }
            });
        }
    </script>
</head>
<body>
        <table>
        <!--=============表头信息===============-->
        <thead>
            <tr>
                <th>产品编号</th>
                <th>产品名称</th>
                <th>产品单位</th>
                <th>产品单价</th>
                <th>数量</th>
            </tr>
        </thead>
        <tbody id="tbBody">
        </tbody>
    </table>
    <!--显示分页标签-->
    <div id="NavLink" class="paginator"></div>
</body>
```

启动运行效果如图 4-9 所示(为了测试效果,需要在数据库 tabProInfo 表中多增加一些记录)。

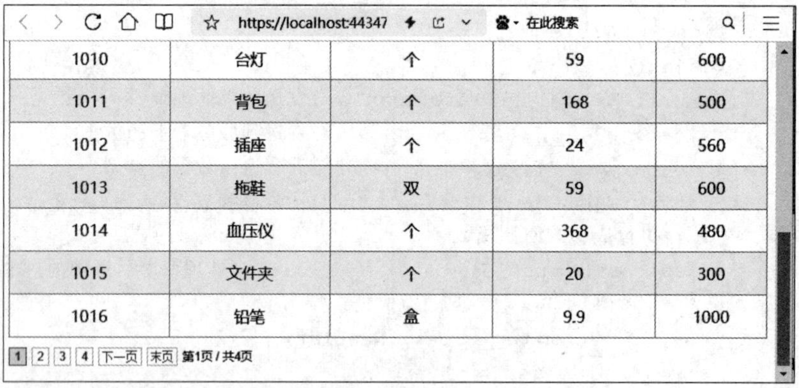

https://localhost:44347 在此搜索

1010	台灯	个	59	600
1011	背包	个	168	500
1012	插座	个	24	560
1013	拖鞋	双	59	600
1014	血压仪	个	368	480
1015	文件夹	个	20	300
1016	铅笔	盒	9.9	1000

1 2 3 4 下一页 末页 第1页 / 共4页

图 4-9　显示分页标签效果

从图 4-9 中可以看到,已经将数据和分页标签成功显示出来,但是并没有实现对数据进行分页显示,下面就来实现分页查询。

9. 实现分页查询

实现分页查询的关键是查询时只要查询当前页的数据,所以主要就是修改 LoadAllProInfo.ashx 获取数据代码,即查询的 SQL 语句 pageSql,修改的代码如以下加粗代码所示。

```
public void ProcessRequest(HttpContext context)
        {
            context.Response.ContentType = "text/plain";
            int pageSize = int.Parse(context.Request["pageSize"] ?? "5");
            //??表示 context.Request["pageSize"]为空,则把后面的 5 转换为整型
            int pageIndex = int.Parse(context.Request["pageIndex"] ?? "1");
            //查询出数据库中总的记录条数
            int total = 0;
            string sql = "select count(*) from tabProInfo";
            total = Convert.ToInt32(SqlHelper.ExecuteScalar(sql));

            //获取数据库中的数据
            //string pageSql = "select * from tabProInfo";
            //主要修改了 pageSql 语句
            int totalSize = pageSize * (pageIndex - 1);
            string pageSql = "select top (@pageSize) * from tabProInfo where
(proID not in (select top (@totalSize) proID from tabProInfo Order by proID))
Order by proID";
            SqlParameter[] ps = new SqlParameter[]
            {
                new SqlParameter("@pageSize", pageSize),
                new SqlParameter("@totalSize", totalSize)
            };
            DataTable dt = SqlHelper.ExecuteDataTable(pageSql,ps);
            GetProInfoList proInfoList = new GetProInfoList();
            List<TabProInfo> listData = proInfoList.DataTableToList(dt);
            //返回分页超链接标签
            string strNavHtml = PagingHelper.ShowPageNavigate(pageSize,
pageIndex, total);

            JavaScriptSerializer jsJavaScriptSerializer = new
JavaScriptSerializer();
            //将数据对象集合和分页标签合并成一个匿名对象
            var data = new { NewList = listData, NavHtml = strNavHtml };
            //将合并后的数据对象序列化
            string jsonStr = jsJavaScriptSerializer.Serialize(data);
            context.Response.Write(jsonStr);
        }
```

运行效果如图 4-10 所示，目前只显示出来了第 1 页数据，因为上面默认代码查询的是第 1 页数据，默认每页 5 条记录。单击其他分页标签没有效果。

10. 添加分页单击事件

接下来为 ProInfoList.html 中分页标签添加单击事件。当单击数字标签时，向 LoadAllProInfo.ashx 发送当前单击的页数，并将获取的数据在页面中显示出来。主要修改之处是：增加一个单击事件，用当前页数据初始化表格，修改后的完整代码如下，修改的地方为加粗代码。

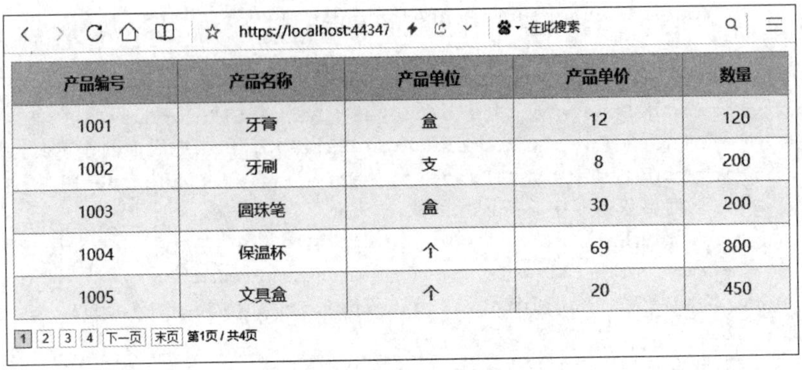

产品编号	产品名称	产品单位	产品单价	数量
1001	牙膏	盒	12	120
1002	牙刷	支	8	200
1003	圆珠笔	盒	30	200
1004	保温杯	个	69	800
1005	文具盒	个	20	450

1 2 3 4 下一页 末页 第1页/共4页

图 4-10　显示第 1 页效果

```
<script src="jquery-3.4.1.js"></script>
<link href="css/NavPager.css" rel="stylesheet" />
<link href="css/tableStyle.css" rel="stylesheet" />
<script type="text/javascript">
        $(function() {
            initTable();
        });
        function initTable(PostData) {
            $.ajax({
                url: "LoadAllProInfo.ashx", //发送请求的地址
                data:PostData,               //发送到服务器上的数据
                dataType: "json",            //后台返回数据的类型
                type: "post",                //不写该参数,默认为 Get
                //执行成功的回调函数
                success: function (data) {   //data 为处理请求后返回的数据
                    $("#tbBody").html("");
                    for (var key in data.NewList) {
                        var strTr ="<tr>";
                        strTr +="<td>" +data.NewList[key].ProID +"</td>";
                        strTr +="<td>" +data.NewList[key].ProName +"</td>";
                        strTr +="<td>" +data.NewList[key].ProUnit +"</td>";
                        strTr +="<td>" +data.NewList[key].ProPrice +"</td>";
                        strTr +="<td>" +data.NewList[key].ProNumber +"</td>";
                        strTr +="</tr>";
                        $("#tbBody").append(strTr);
                    }
                    //添加分页标签
                    $("#NavLink").html(data.NavHtml);
                    //绑定分页超链接标签的单击事件
                    bindNavLinkClickEvent();
                }
            });
        }
        function bindNavLinkClickEvent() {
            //类名 pageLink 是在 PagingHelper.cs 中指定的
            $(".pageLink").click(function () {
```

```
                //this 表示当前单击的链接
                var href =$(this).attr("href");
                var strPostData =href.substr(href.lastIndexOf('?') +1);
                //取得 pageIndex=x&pageSize=y,然后发送到 LoadAllProInfo.ashx 来
                //处理
                initTable(strPostData);
                return false;//用来阻止浏览器的默认行为,不加此句,那么单击页码数字
                           //总会跳回显示第一页
            });
        }
    </script>
</head>
<body>
    <table>
        <!--==============表头信息================-->
        <thead>
            <tr>
                <th>产品编号</th>
                <th>产品名称</th>
                <th>产品单位</th>
                <th>产品单价</th>
                <th>数量</th>
            </tr>
        </thead>
        <tbody id="tbBody">
        </tbody>
    </table>
    <!--显示分页标签-->
    <div id="NavLink" class="paginator"></div>
</body>
```

启动运行,效果如图 4-11 所示,单击不同的分页标签显示对应页的数据,且不会刷新整个页面,完美地实现了异步分页功能。

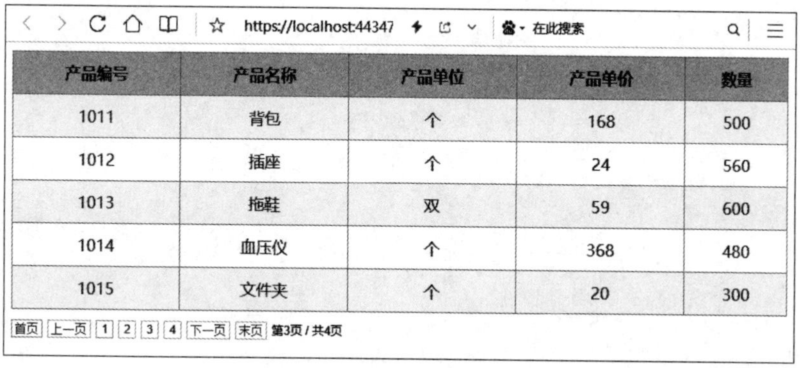

https://localhost:44347　在此搜索

产品编号	产品名称	产品单位	产品单价	数量
1011	背包	个	168	500
1012	插座	个	24	560
1013	拖鞋	双	59	600
1014	血压仪	个	368	480
1015	文件夹	个	20	300

首页 上一页 1 2 3 4 下一页 末页 第3页 / 共4页

图 4-11　完美异步分页功能显示

小结

本章主要讲解了异步的基本概念、异步登录的实现、封装异步方法、使用 jQuery 进行异步操作、异步分页等，其中重点通过一个实际案例演示了异步分页的实现步骤。

练习与实践

1. 简答题

(1) AJAX 异步方式请求数据有哪些优点?

(2) 普通页面请求与异步请求的区别有哪些?

(3) 总结异步分页实现的思路与步骤。

2. 实践题

自主开发一个系统，要求如下。

(1) 有登录功能，且使用异步技术实现登录。

(2) 有数据列表展示页，且有异步分页效果。

(3) 其他均自定义。

第5章　委托、Lambda表达式与LINQ技术

在实际开发过程中，处理和操作数据是一项重要的任务。经常需要进行查询、筛选、排序、转换，以及把方法作为参数传递等操作来满足特定的需求。为了更高效地处理这些操作需求，委托、Lambda表达式、LINQ就是常用的技术。本章就来学习这些技术的基础知识与使用方法。

学习目标

(1) 理解委托的含义。
(2) 能利用委托解决实际问题。
(3) 理解匿名方法。
(4) 能在实际应用中运用Lambda表达式。
(5) 理解LINQ的含义。
(6) 能根据需求编写各类LINQ语句。

思政目标及设计建议

根据新时代软件工程师应该具备的基本素养，挖掘课程思政元素，有机融入教学中，本章思政目标及设计建议如表5-1所示。

表5-1　第5章思政目标及设计建议

思 政 目 标	思政元素及融入
培养学生学以致用的能力	通过例子分析与实际操作培养学以致用的能力
培养自主探索、敬业、专注的工匠精神	通过课前自主学习，培养自主探索、敬业、专注的工匠精神

5.1　委托的基本认识

前面的章节中定义过不少方法，大多数方法会定义一些形参，用于接收实际要传递的参数，但是能不能把方法作为参数进行传递呢？也就是定义形参时有没有一种数据类型的变量可以接收方法？

答案是有的，这就是委托。也就是说，委托是一种数据类型，这种数据类型是用来接收方法的。

官方给出的委托定义：委托是一种引用类型，表示对具有特定参数列表和返回类型的方法的引用。

通俗地理解，委托相当于对具有相同返回类型和参数列表这一类方法进行了封装。

由于委托本质上也是一个派生自 Delegate 类的类，因此类可以声明在哪里，委托就可以声明在哪里。

例 1：委托的基本认识——定义一个能接收无参数、无返回值方法的委托。

打开 Visual Studio 2002，创建一个控制台应用(.NET Framework)程序，解决方案名称为 Delegate_Lambda_Linq，项目名称为 DelegateDemo1，如图 5-1 所示。

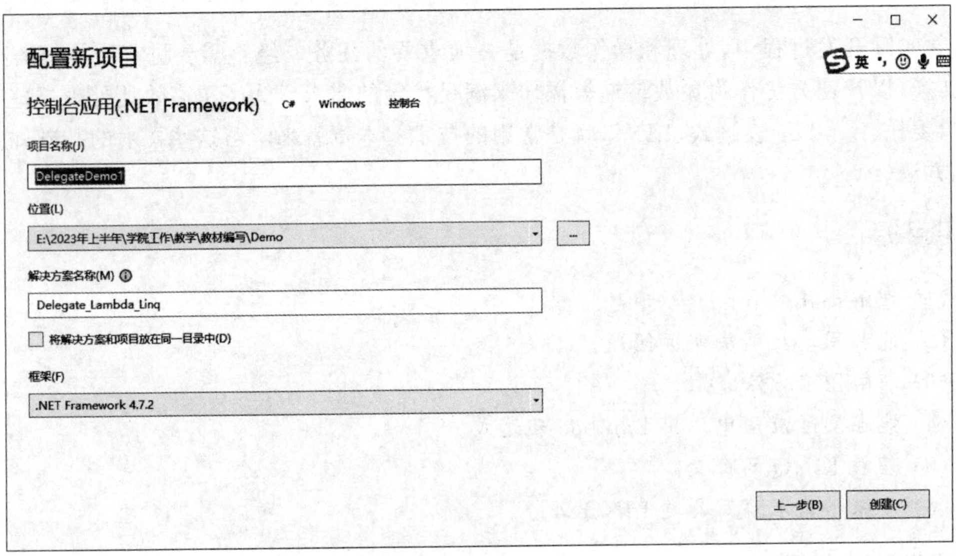

图 5-1　创建解决方案及项目

接下来定义委托，可是委托定义的位置在哪里呢？因为委托本质也是类，因此要定义在与类并列的位置。完整代码及注释如下。

```
namespace DelegateDemo1
{
    //(1)定义委托。即定义一个委托类型(委托是一种数据类型,能接收方法的数据类型),
    //用来保存无参数、无返回值的方法
    //委托要定义在命名空间中,和类是同一个级别
    public delegate void MyDelegate();//像定义抽象方法一样,没有实现(方法体)
    internal class Program
    {
        static void Main(string[] args)
        {
            //(3)使用委托:声明委托变量,并赋值
            //声明了一个委托变量 md,新建了一个委托对象,并且把方法 M1 传递了进去
            //即 md 委托保存了 M1 方法
            //MyDelegate md =new MyDelegate(M1);//第 1 种写法
            MyDelegate md =M1;////第 2 种写法

            //(4)执行委托:调用 md 委托时就相当于调用 M1 方法
```

```
            md();//与下面等同
            //md.Invoke();//Invoke()的作用是执行指定的委托
            Console.WriteLine("ok");
            Console.ReadKey();
        }
        //(2)定义一个方法,由于该方法要传递给 MyDelegate 委托,所以只能是无参数无返回
        //值的方法
        static void M1()
        {
            Console.WriteLine("我是一个没有参数没有返回值的方法");
        }
    }
}
```

以上代码首先定义了一个委托类型 MyDelegate(),它是一个无参数无返回值的类型,因此也只能接收无参数无返回值的方法。然后在 Program 类中定义了一个方法,这个方法是要传递给委托类型的,所以只能是无参数无返回值的方法。接着是使用委托,定义一个委托类型变量,然后可以采用代码中的第 1 种写法或第 2 种写法,第 2 种写法更简洁。最后执行委托,也有两种写法,第 1 种委托变量名(),第 2 种委托变量名.Invoke()。上面的代码执行结果如图 5-2 所示。

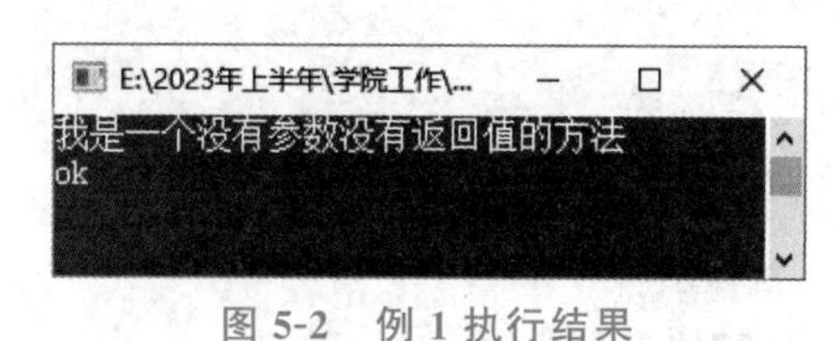

图 5-2　例 1 执行结果

提示:以上代码要注意书写位置,委托定义在哪里?方法定义在哪里?在哪里使用委托?

5.2　委托的基本应用举例

例 2:假设一件事情在前面和后面要做的事情比较固定(这里假设输出“========”),但是中间要做的事情经常发生变化(有可能是①要输出系统当前时间到控制台;②要输出系统当前是星期几;③要把系统时间写入文本文件等)。

实现思路:定义一个方法,前后固定的动作用代码写好,中间的动作是不固定的,可以用委托传递不同方法做不同的事情,因此定义的方法形参要是委托类型参数。具体实现步骤和代码如下。

(1) 在解决方案 Delegate_Lambda_Linq 下添加一个控制台应用(.NET Framework)新项目,名称为 DelegateDemo2。在 DelegateDemo2 项目下添加一个类 TestClass,该类中编写的代码如下。

```
//定义一个委托
public delegate void middleDelegate();
internal class TestClass
{
```

```
    public void DoSomething(middleDelegate middleThing) //委托类型作为参数,即调用
                                                        //此方法要传递一个方法进来
    {
        Console.WriteLine("===========================");
        Console.WriteLine("===========================");
        if (middleThing !=null)  //委托是一个对象,就有可能为 null,所以先判断下是否
                                 //为 null
        {
            middleThing();       //执行委托,根据传递的方法,执行得到不同效果
        }
        Console.WriteLine("===========================");
        Console.WriteLine("===========================");
    }
}
```

实例在 TestClass 类中定义了一个委托类型,然后定义了一个方法,该方法用定义的委托类型作为形参。

(2) 在 Program.cs 类中编写代码。首先根据需求定义三个不同的静态方法,其次在 Main()方法中编写测试代码,完整代码如下。

```
internal class Program
    {
        static void Main(string[] args)
        {
            TestClass tc =new TestClass();
            //传递不同方法做不同的事情
            tc.DoSomething(WriteTimeToFile);
            Console.WriteLine("OK");
            Console.ReadKey();
        }
        //把系统当前时间输出到控制台
        public static void PrintTimeToConsole()
        {
            Console.WriteLine(System.DateTime.Now.ToString());
        }
        //把系统当前时间输出到文件 time.txt 中。time.txt 文件位置是指当前项目的可执
        //行文件所在位置,即当前项目的 bin\Debug 目录
        public static void WriteTimeToFile()
        {
            //需要导入 System.IO 命名空间
            File.WriteAllText("time.txt", System.DateTime.Now.ToString());
        }
        //把系统当前星期几输出到控制台
        public static void PrintWeekToConsole()
        {
            Console.WriteLine(System.DateTime.Now.DayOfWeek.ToString());
        }
    }
```

测试运行效果,可以看到向 DoSomething()方法传递不同方法作为实参,可以实现执行

不同的方法，产生不同效果。

提示：启动运行前，需要设置解决方案的启动项为当前选定内容。

例 3：对字符串的处理经常要发生变化，例如，在字符串两端加“=”、加“★”，把字符串字母全部转换为大写等。

实现思路：定义一个方法，该方法需要一个参数用于接收要处理的字符串，第二个参数就是对字符串的处理方式，由于对字符串的处理方式是不固定的，所以第二个参数可定义为委托类型。由于这里需要接收要处理的字符串，最后还要把处理后的字符串输出，所以定义的委托有一个 string 类型的形参，返回值为 string。

具体实现步骤和代码如下。

(1) 在解决方案 Delegate_Lambda_Linq 下添加一个控制台应用(.NET Framework)新项目，名称为 DelegateDemo3。在 DelegateDemo3 项目下添加一个类 TestClass，该类中编写的代码如下。

```
namespace DelegateDemo3
{
    //定义一个委托(委托是一种数据类型,接收方法的数据类型)
    public delegate string GetStringDelegate(string str);
    internal class TestClass
    {
        public void ChangeStrings(string[] strs, GetStringDelegate GetString)
        {
            for (int i =0; i <strs.Length; i++)
            {
                strs[i] =GetString(strs[i]);//由于对字符串的需求有很多种,所以把对
                                              //字符串变化部分用委托封装成一个方法
            }
        }
    }
}
```

(2) 在 Program.cs 类中编写代码。首先根据需求定义三个不同的静态方法，其次在 Main()方法中编写测试代码，完整代码如下。

```
internal class Program
    {
        static void Main(string[] args)
        {
            TestClass tc =new TestClass();
            //要处理的字符串数组
            string[] names =new string[] { "ZhangSan", "LiSi", "WangWu", "LaoLiu" };
            //第 1 个参数为要处理的字符串数组,第 2 个参数为处理的方式(根据需求可以传递
            //定义好的三个方法之一,这里传递两端加★的处理方式)
            tc.ChangeStrings(names,ChangeStrings2);
            //把变化后的字符串数组中的字符串输出
            for (int i =0; i <names.Length; i++)
            {
```

```
                Console.WriteLine(names[i]);
            }
            Console.ReadKey();
        }

        static string ChangeStrings1(string strs) //需求 1:在字符串两端加=
        {
            return "=" +strs +"=";
        }
        static string ChangeStrings2(string strs) //需求 2:在字符串两端加★
        {
            return "★" +strs +"★";
        }
        static string ChangeStrings3(string str) //需求 3:把字符串中的字母转换为大写
        {
            return str.ToUpper();
        }
    }
```

测试运行效果如图 5-3 所示。

图 5-3　例 3 运行效果

说明：如果上面加粗的代码改为 ChangeStrings1，即调用 ChangeStrings1()方法，那么输出的每个字符串是在两端加"="。如果改为 ChangeStrings3，即调用 ChangeStrings3()方法，那么输出的每个字符串中字母都将改为大写字母。

委托要点总结如下。

委托是一种数据类型，像类一样的一种数据类型。一般都是直接在命名空间中定义。

定义委托时，需要指明返回值类型、委托名与参数列表，这样就能确定该类型的委托能存储(接收)什么样的方法。定义委托后一般需要定义处理需求的方法，该方法需要用定义的委托作为形参。

使用委托前需要根据不同的需求定义好不同的方法。

5.3 内置委托

ASP.NET 内置了三种委托，所以实际开发中一般不需要自己去定义委托，直接用系统内部提供的就可以。

(1) Action——Action 委托的非泛型版本就是一个无参数无返回值的委托。

(2) Action<T>——Action<T>委托的泛型版本是一个无返回值，但是参数个数及类型可以改变的委托。

(3) Func<T>——Func<T>委托只有泛型版本的，接收的参数个数可以是若干个，也可以是没有，但是一定有返回值的方法。

1. Action 委托(非泛型版本)

例 4：对例 1 改进。

在解决方案 Delegate_Lambda_Linq 下添加一个控制台应用(.NET Framework)新项目，名称为 DelegateDemo4。在 Program.cs 类中只需要编写如下代码。

```
internal class Program
    {
        static void Main(string[] args)
        {
            //Action 是内置委托,直接使用
            Action md =M1;
            md();
            Console.ReadKey();
        }
        static void M1()
        {
            Console.WriteLine("我是一个没有参数没有返回值的方法");
        }
    }
```

运行效果与例 1 一样。可以看到这里没有自己定义委托，而是直接使用内置委托 Action。

2. Action<T>委托(泛型版本)

如何使委托能接收参数个数及类型都不固定的方法呢？——使用泛型委托。

例 5：自定义泛型委托。

假设方法的参数可以是 string、int、bool 三种数据类型，但方法均无返回值。如果不使用泛型委托，那么就需要针对三种参数类型，定义三个不同的委托，分别用于接收三种类型参数的方法，实例代码如下。

```
public delegate void Mydelegate1(string msg);
public delegate void Mydelegate2(int i);
public delegate void Mydelegate3(bool b);
```

那么如果参数类型有更多种呢？这种定义显然很麻烦，怎么办呢？

这个时候就可以定义泛型委托。如何定义及使用呢？下面通过例子来演示。

在解决方案 Delegate_Lambda_Linq 下添加一个控制台应用(.NET Framework)新项目，名称为 DelegateDemo5。在 Program.cs 类中编写如下代码。

```
namespace DelegateDemo5
{
    public delegate void MyGenericdelegate<T>(T args);//这个委托就可以接收 1 个参
//数、无返回值的方法,但是这个参数数据类型可以任意,这里一般用 T 表示——这就是自定义的
//泛型委托
    internal class Program
    {
```

```
        static void Main(string[] args)
        {
            MyGenericdelegate<string> md1 =M1;
            md1("一个参数");
            MyGenericdelegate<int> md2 =M1;
            md2(1);
            MyGenericdelegate<bool> md3 =M1;
            md3(true);
            Console.ReadKey();
        }
        //三个参数类型不同的方法可以定义为重载方法
        static void M1(string msg)
        {
            Console.WriteLine(msg);
        }
        static void M1(int i)
        {
            Console.WriteLine(i);
        }
        static void M1(bool b)
        {
            Console.WriteLine(b);
        }
    }
}
```

上面的加粗代码就是自定义的泛型委托，该泛型委托参数只能有 1 个，无返回值，但是参数类型不固定，一般用 T 表示，而且委托名称后面要加＜T＞。

对于这种自定义的泛型委托可以使用内置的泛型委托 Action＜T＞。也就是说，上面的加粗代码可以注释或删除，然后把 MyGenericdelegate 换成 Action 即可。除此之外，Action＜T＞泛型委托参数不仅类型不固定，个数也可以不固定，也就是说，Action＜T＞泛型版本是一个无返回值，但是参数个数及类型可以改变的委托。

例 6：Action＜T＞泛型委托应用演示。

在解决方案 Delegate_Lambda_Linq 下添加一个控制台应用(.NET Framework)新项目，名称为 DelegateDemo6。在 Program.cs 类中编写如下代码。

```
static void Main(string[] args)
    {
        Action<string,int> action1 =M1;
        action1("内置无返回值的泛型委托应用", 2);//两个参数
        Action<int> action2 =M1;
        action2(1);
        Action<bool> action3 =M1;
        action3(true);
        Console.ReadKey();
    }
    static void M1(string msg,int i)
    {
```

```
        Console.WriteLine(msg+i);
    }
    static void M1(int msg)
    {
        Console.WriteLine(msg);
    }
    static void M1(bool b)
    {
        Console.WriteLine(b);
    }
```

内置委托 Action 和 Action<T>都不支持带返回值的方法，那么有没有内置的带返回值的委托呢？有，这就是 Func<T>，该委托只有泛型版本的，接收的参数个数可以是若干个，也可以是没有，但是一定有返回值的方法。常见形式如下。

Func<TResult>表示没有参数，只有返回值。

Func<T，TResult>表示有一个参数，有返回值。

Func<T1，T2，TResult>表示有两个参数（前两个参数 T1，T2 表示参数类型，最后的 TResult 表示返回值类型），有返回值。

Func<T1，T2，T3，TResult>表示有三个参数（前三个参数 T1，T2，T3 表示参数类型，最后的 TResult 表示返回值类型），有返回值。

总之，Func 委托最后一个 TResult 表示返回值类型，前面的不管多少个 T 都是表示参数类型。

例 7：Func<T>泛型委托应用演示。

在解决方案 Delegate_Lambda_Linq 下添加一个控制台应用(.NET Framework)新项目，名称为 DelegateDemo7。在 Program.cs 类中编写如下代码。

```
static void Main(string[] args)
        {
            #region 无参数有返回值的 Func 委托
            Func<int> fun1 =M1;
            int n1 =fun1();
            Console.WriteLine(n1);
            #endregion
            #region 有三个参数有返回值的 Func 委托
            Func<int, int, int, int>  fun2 =M1;
            int n2 =fun2(1, 2, 3);
            Console.WriteLine(n2);
            #endregion
            #region 有两个参数有返回值的 Func 委托
            Func<string, int, string>  fun3 =M1;
            string str =fun3("Func 委托应用", 2);
            Console.WriteLine(str);
            #endregion
            Console.ReadKey();
        }
        static int M1()
```

```
            {
                return 1;
            }
            static int M1(int n1, int n2, int n3)
            {
                return n1 +n2 +n3;
            }
            static string M1(string msg, int i)
            {
                return msg+i;
            }
```

运行效果如图 5-4 所示。

图 5-4　例 7 运行效果

5.4　多播委托

多播委托就是一个委托同时绑定多个方法，多播委托也叫委托链、委托组合。绑定方法时也就是为多播委托变量多次赋值。除第一次赋值直接用“＝”外，后面的赋值都可以用“＋＝”，如果是解绑就用“－＝”。

1. 绑定无返回值的多个委托

例 8：绑定无返回值的多个委托。

在解决方案 Delegate_Lambda_Linq 下添加一个控制台应用(.NET Framework)新项目，名称为 DelegateDemo8。在 Program.cs 类中编写如下代码，含义参见注释。

```
static void Main(string[] args)
            {
                #region 绑定无返回值的多个委托
                Action<string> action =M1;//这句话只绑定一个 M1 方法(绑定第一个方法不
                                          //能用+=复制,因为开始 action 为 null,所以只
                                          //能用=赋值),下面再给 action 绑定方法
                action +=M2;              //后面再为 action 绑定方法时都可以用+=
                action +=M3;
                action +=M4;
                action +=M5;
                action -=M3;              //解除绑定 M3 方法(即用-=赋值为解除绑定方法)
                action("多播委托");
                #endregion
                Console.ReadKey();
            }
            static void M1(string msg)
            {
```

```
            Console.WriteLine(msg);
        }
        static void M2(string msg)
        {
            Console.WriteLine(msg);
        }
        static void M3(string msg)
        {
            Console.WriteLine(msg);
        }
        static void M4(string msg)
        {
            Console.WriteLine(msg);
        }
        static void M5(string msg)
        {
            Console.WriteLine(msg);
        }
```

运行结果如图 5-5 所示。

图 5-5　例 8 运行结果

2. 绑定有返回值的多个委托

例 9：绑定有返回值的多个委托，如何获取每个方法的返回值？

在解决方案 Delegate_Lambda_Linq 下添加一个控制台应用(.NET Framework)新项目，名称为 DelegateDemo9。在 Program.cs 类中编写如下代码，含义参见注释。

```
static void Main(string[] args)
        {
            #region 绑定有返回值的多个委托
            Func<string, string> fc = T1;
            fc += T2;
            fc += T3;
            string result = fc("有参数有返回值的多播委托");
            Delegate[] delegates = fc.GetInvocationList();//按照调用顺序返回此多
//播委托的调用列表。即有几个方法就有个几个委托，返回值为 Delegate 数组
            for (int i = 0; i < delegates.Length; i++)//循环遍历 Delegate 数组即可得
//到每个委托对象，这样就可以逐个委托调用，如果有返回值，可以逐个拿到
            {
                //delegates[i]("…");这句不行，因为 Delegate 是抽象类，所以不能直接
//调用，需要强转为子类 Func<string,string>
                //(delegates[i] as Func<string,string>)();//没有参数就这样就可
//以，如果有参数用类似下一行代码
```

```
                string s =(delegates[i] as Func<string, string>)("获取多播委托每
个方法的返回值");
                Console.WriteLine(s);
            }
            #endregion
            Console.ReadKey();
        }
        static string T1(string msg)
        {
            return msg +"1";
        }
        static string T2(string msg)
        {
            return msg +"2";
        }
        static string T3(string msg)
        {
            return msg +"3";
        }
```

运行结果如图 5-6 所示。

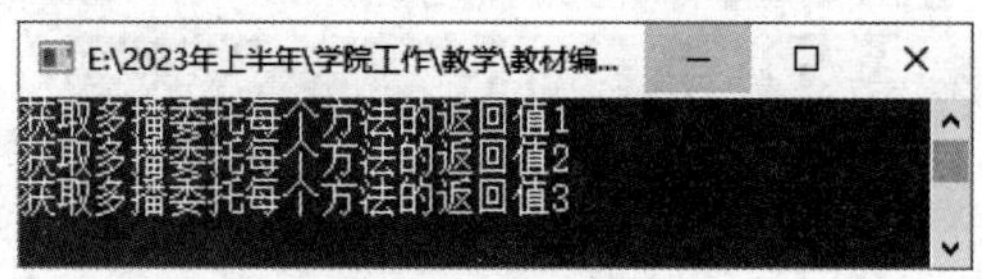

图 5-6　例 9 运行结果

5.5　匿名方法

1. 匿名类

匿名类是指这种类可能在程序中只会用到一次，所以这种类可以不用定义出来，即没有类名称。例如，下面的代码就定义了一个匿名类，没有定义类名，而是在实例化(new)时直接给属性赋值。使用类中的属性时还是通过实例对象名.属性名。

```
static void Main(string[] args)
        {
            #region 匿名类
            var Person =new { Name ="小明", Age =3, Sex ='男' };
            Console.WriteLine("我的名字是:{0},性别为{1},年龄是{2}", Person.Name,
Person.Sex, Person.Age);
            Console.ReadKey();
            #endregion
        }
```

2. 匿名方法

匿名方法，即没有名字的方法，不能直接在类中定义，而是在给委托变量赋值时需要赋值一个方法，此时可以“现做现卖”(原来不存在相应方法，直接定义一个)，即定义一个匿名

方法传递给该委托。

匿名方法的关键字为 delegate，delegate 后的括号写方法参数，{ }里面写方法体，这是一个赋值语句，所以最后需要分号。

例 10：定义一个无参数无返回值的匿名方法。

```
static void Main(string[] args)
    {
        #region 匿名方法(无参数无返回值)
        //如果存在一个已定义好的 M1 方法，则直接可以把该方法赋给委托变量 md
        // Action md =M1;
        //如果不存在已定义好的方法，则可以使用匿名方法赋给委托变量，即现定义一个方法给
        //委托变量
        Action md =delegate()
        {
            Console.WriteLine("ok");
        };
        md();//调用匿名方法
        Console.ReadKey();
        #endregion
}
static void M1()
    {
        Console.WriteLine("ok");
    }
```

例 11：定义一个有参数无返回值的匿名方法。

```
static void Main(string[] args)
  {
      #region 有参数无返回值的匿名方法
        Action<string> md2 =delegate(string msg)
        {
            Console.WriteLine("Hello!" +msg);
        };
        md2("大家好!");
        Console.ReadKey();
        #endregion
}
```

例 12：定义有参数有返回值的匿名方法。

```
static void Main(string[] args)
    {
        #region 有参数有返回值的匿名方法
        Func<int,int,int,int>  ad =delegate(int n1, int n2, int n3)
        {
            return n1 +n2 +n3;
        };
        int result =ad(12, 10, 8);
        Console.WriteLine(result);
```

```
        Console.ReadKey();
        #endregion
    }
```

5.6 Lambda 表达式及应用

1. Lambda 介绍

“Lambda 表达式”(Lambda Expression)就是一个**匿名函数(匿名方法)**，基于数学中的λ演算得名。

所有的 Lambda 表达式都用 Lambda 运算符“=>”，可以叫它“转到”或者“成为”，读作“goes to”。该运算符将表达式分为两部分，左边指定输入参数，右边是 Lambda 的主体(方法体)。

Lambda 表达式的写法如下。

一个参数：param=>expr

多个参数：(param-list)=>expr

2. 输入参数与表达式或语句块

在 Lambda 表达式中，输入参数是 Lambda 运算符的左边部分，它包含参数的数量可以为 0 个、1 个或者多个。**只有当输入参数为 1 个时，Lambda 表达式左边的一对括号才可以省略**。输入参数的数量大于或者等于 2 个时，Lambda 表达式左边的一对括号中的多个参数之间使用逗号(,)分隔。

多个 Lambda 表达式可以构成 Lambda 语句块。语句块放到运算符的右边，作为 Lambda 的主体。语句块中可以包含多条语句，并且可以包含循环、方法调用和 if 语句等。语句块必须被“{”和“}”包围，如果只是一条语句可以不使用“{”和“}”包围。

例 13：无参数且只有一条语句的 Lambda 表达式。

```
static void Main(string[] args)
        {
            #region 无参数
            //语句块只有一条语句可以不用{ }包围
            //Action a = () =>{ Console.WriteLine("This is a Lambda expression."); };
            Action a = () =>Console.WriteLine("This is a Lambda expression.");
            a();
            Console.ReadKey();
            #endregion
        }
```

由于上述 Lambda 表达式的输入参数的数量为 0 个，因此，该 Lambda 表达式的左边部分的一对括号不能被省略。右边表达式只有一条语句，因此{ }可以省略。

例 14：一个参数且为语句块的 Lambda 表达式。

```
#region 一个参数
    //此处参数 m 的括号可以省略
    Action<int> b =m =>{
```

```
        int n =m * 2;
        Console.WriteLine(n);
    };
    b(2);
    Console.ReadKey();
    #endregion
```

上述 Lambda 表达式的输入参数省略了一对括号，它与“(m)=>{ int n = m * 2; Console.WriteLine(n); };是等效的。右边是语句块，那么该语句块必须被“{”和“}”包围。

例 15：多个参数且为语句块的 Lambda 表达式。

```
#region 多个参数
    //此处参数的括号不能省略
    Action<int, int> c = (m, n) =>{
        int s =m * n;
        Console.WriteLine(s);
    };
    c(2, 3);
    Console.ReadKey();
    #endregion
```

例 16：多个参数且为语句块，同时有返回值的 Lambda 表达式。

```
#region 多个参数
    //此处参数的括号不能省略
    Func<int, int,int> c = (m, n) =>{
        int s =m * n;
        return s;
    };
    int r=c(2, 3);
    Console.WriteLine(r);
    Console.ReadKey();
    #endregion
```

例 17：匿名方法与 Lambda 的替换。

在解决方案 Delegate_Lambda_Linq 下添加一个控制台应用(.NET Framework)新项目，名称为 DelegateDemo10。在 Program.cs 类中编写如下代码，含义参见注释。

```
static void Main(string[] args)
        {
            //Func<int, int, int, int> ad =M2;
            #region 有参数有返回值的匿名方法
            Func<int, int, int, int> ad1 =delegate (int n1, int n2, int n3)
                                            //该匿名方法实际上与下面的有名方法 M2 一样
            {
                return n1 +n2 +n3;
            };
            int result =ad1(12, 10, 8);
            Console.WriteLine(result);
            #endregion
```

```
            #region 用 Lambda 表达式替换上面的匿名方法
            Func<int, int, int, int>  ad2 = (x, y, z) =>{ return x +y +z; };
            int r =ad2(12, 10, 8);
            Console.WriteLine(r);
            #endregion
            Console.ReadKey();
        }
        static int M2(int n1, int n2, int n3)
        {
            return n1 +n2 +n3;
        }
```

说明：匿名方法、Lambda 表达式运行时最终都会编译成方法。

例 18：定义一个能接收参数个数可变且有返回值的委托。

在解决方案 Delegate_Lambda_Linq 下添加一个控制台应用(.NET Framework)新项目，名称为 DelegateDemo11。在 Program.cs 类中编写如下代码，含义参见注释。

```
public delegate int Adddelegate(params int[] arr);//定义一个能接收参数个数可变且
                                                  //有返回值的委托

static void Main(string[] args)
        {
            #region 接收参数个数可变的 Lambda 表达式
            Adddelegate ad = (arr) =>
            {
                for (int i =0; i <arr.Length; i++)
                {
                    Console.WriteLine(arr[i]);
                }
                return arr.Sum();
            };
            int r =ad(1, 2, 3, 4, 5);
            Console.WriteLine(r);
            Console.ReadKey();
            #endregion
        }
```

思考：本例如果不用自定义的委托可否实现？

答：可以，实现代码如下。

```
static void Main(string[] args)
        {
            #region 接收参数个数可变的 Lambda 表达式
            Func<int[],int>  ad = (arr) =>
            {
                for (int i =0; i <arr.Length; i++)
                {
                    Console.WriteLine(arr[i]);
                }
                return arr.Sum();
```

```
        };
        int[] myarr ={1,2,3,4,5};
        int r =ad(myarr );
        Console.WriteLine(r);
        Console.ReadKey();
        #endregion
    }
```

例 19：Lambda 表达式在泛型集合中的应用，打印出泛型集合中大于 6 的元素。

在解决方案 Delegate_Lambda_Linq 下添加一个控制台应用(.NET Framework)新项目，名称为 DelegateDemo12。在 Program.cs 类中编写如下代码，含义参见注释。

第 1 种方法：自己定义过滤方法 cs()。

```
static void Main(string[] args)
    {
        List<int> list =new List<int>() { 1, 2, 3, 4, 5, 6, 7, 8, 9, 10, 11, 12,
13, 14, 15 };
        //第 1 种写法自己定义过滤方法 cs()
        var newlist =list.Where(cs); //返回值类型 var 可以改为用 IEnumerable
                                      //<int>来接收
        foreach (var item in newlist)
        {
            Console.WriteLine(item);
        }
        Console.ReadKey();
    }
    static bool cs(int n)
    {
        return n >6;
    }
```

第 2 种方法：用匿名函数实现，就是 cs()方法不用单独去定义，改为匿名方法即可。把上面的加粗代码改为如下代码即可。

```
IEnumerable<int> newlist =list.Where(delegate (int n)
        {
            return n >6;
        }
            );//where 里面需要一个方法作为参数(有 1 个 int 类型参数,返回值为 bool
              //类型)
```

第 3 种方法：用 Lambda 表达式实现，就是 cs()方法不用单独去定义，改为 Lamnda 表达式即可。把上面的加粗代码改为如下代码即可。

```
//第 3 种写法使用 Lambda 表达式
    IEnumerable<int> newlist =list.Where(n =>{ return n >6; });
```

从上面三种方法的比较可以看出，使用 Lambda 表达式实现代码最简洁。

5.7 LINQ 技术

5.7.1 LINQ 简介

LINQ 的全称是 Language Integrated Query，中文译成“语言集成查询”。LINQ 是一种查询技术，有 LINQ to SQL、LINQ to Object、LINQ to ADO.NET、LINQ to XML、LINQ to EF 等。

LINQ 与 SQL 语句比较：

(1) SQL 查询技术是一门相对比较复杂的技术，而 LINQ to SQL 比较简单(实际上底层都对数据库操作进行了封装)。

(2) 直接写 SQL 语句，如果有问题，只有到运行时才会报错。

(3) LINQ to SQL 可以很好地防止注入式攻击。

(4) LINQ 是面向对象的查询，主要在程序内部使用(如查找所需的数据)，比使用 DataReader 读取数据等方便多了；SQL 是面向关系数据库的查询。

(5) 从运行效率上来说，LINQ 的性能不如直接写 SQL 语句，但是开发效率提高了。

要学习 LINQ，首先就要学习 LINQ 查询表达式。

LINQ 的查询由三个基本部分组成：获取数据源，创建查询，执行查询。下面通过一个例子来说明。

```
//第 1 部分:获取数据源
List<int> numbers =new List<int>() { 5, 4, 1, 3, 9, 8, 6, 7, 2, 0 };
//第 2 部分:创建查询
var numQuery =from num in numbers
              where num %2 ==0
              select num * 10;
//第 3 部分:执行查询
foreach (var num in numQuery)
{
    Console.WriteLine(num);
}
```

在 LINQ 中，查询的执行与查询本身截然不同；换句话说，如果只是创建查询变量，则不会检索任何数据。

LINQ 的数据源要求必须实现 IEnumerable 或 IEnumerable＜T＞接口，List 实现了 IEnumerable 接口，数组也隐式支持这个接口。numQuery 叫作查询变量，它存储了一个查询表达式。注意，声明查询变量并不会执行查询，真正的执行查询延迟到了 foreach 语句中。

查询表达式必须以 from 子句开头，以 select 或 group 子句结束。第一个 from 子句和最后一个 select 子句或 group 子句之间，可以包含一个或多个 where 子句、let 子句、join 子句、orderby 子句和 group 子句，甚至还可以是 from 子句。它包括以下 8 个基本子句。

(1) from 子句：指定查询操作的数据源和范围变量。

(2) where 子句：指定筛选元素的逻辑条件。

（3）select 子句：指定查询结果的类型和表现形式。

（4）let 子句：引入用来临时保存查询表达式中的子表达式结果的范围变量。

（5）orderby 子句：对查询结果进行排序操作，包括升序和降序。

（6）group 子句：对查询结果进行分组。

（7）into 子句：提供一个临时标识符。join 子句、group 子句或 select 子句可以通过该标识符引用查询操作中的结果。

（8）join 子句：连接多个用于查询操作的数据源。

思考：上面代码中创建的查询与 SQL 语句的区别。

5.7.2 LINQ 基本子句

1. from 子句

from 子句指定查询操作的数据源和范围变量。创建一个 LINQ 表达式必须要以 from 子句开头。

例 20：单个 from 子句。

在解决方案 Delegate_Lambda_Linq 下添加一个控制台应用(.NET Framework)新项目，名称为 LinqDemo1。在 Program.cs 类中编写如下代码，含义参见注释。

```
static void Main(string[] args)
{
    string[] values = { "西瓜", "梨瓜", "香蕉", "苹果", "火龙果" };
    //查询包含"瓜"的字符串
    //IndexOf 查询参数字符串在父串中首次出现的位置,没有返回-1
    var valueQuery = from v in values
                     where v.IndexOf("瓜") > 0
                     select v;
    foreach (var v in valueQuery)
    {
        Console.WriteLine(v);
    }
    Console.ReadKey();
}
```

运行结果如图 5-7 所示。

图 5-7　例 20 运行结果

在这个 LINQ 表达式的 from 子句中，v 叫作范围变量，values 是数据源。v 的作用域存在于当前的 LINQ 表达式，表达式以外不能访问这个变量。where 用来筛选元素，select 用于输出元素。这里的范围变量 v 和 foreach 语句中的隐式变量 v 都可以由编译器推断出其类型。

在查询数据源中，元素的属性是一个集合时，可以使用复合 from 子句对这个属性集合查询。例如,一个客户可能有多个电话。

例 21:复合 from 子句。

在解决方案 Delegate_Lambda_Linq 下添加一个控制台应用(.NET Framework)新项目,名称为 LinqDemo2。在该命名空间下编写如下代码,含义参见注释。

```
class CustomerInfo
{
    public string Name { get; set; }
    public int Age { get; set; }
    public List<string> TelTable { get; set; }
}
internal class Program
{
    static void Main(string[] args)
    {
        fromExpDemo();
        Console.ReadKey();
    }
    static void fromExpDemo()
    {
        List<CustomerInfo> customers =new List<CustomerInfo>{
                    new CustomerInfo{ Name="欧阳晓晓", Age=35, TelTable=new
List<string>{"1330708****","1330709****"}},
                    new CustomerInfo{ Name="上官飘飘", Age=17, TelTable=new
List<string>{"1592842****","1592843****"}},
                    new CustomerInfo{ Name="诸葛菲菲", Age=23, TelTable=new
List<string>{"1380524****","1380525****"}}
                                        };
        //查询包含电话号码 1592842****的客户
        var query =from CustomerInfo ci in customers
                from tel in ci.TelTable
                where tel.IndexOf("1592842****") >-1
                select ci;
        foreach (var ci in query)
        {
            Console.WriteLine("姓名:{0} 年龄:{1}", ci.Name, ci.Age);
            foreach (var tel in ci.TelTable)
            {
                Console.WriteLine("          电话:{0}", tel);
            }
        }
    }
}
```

上面代码中首先定义一个类 CustomerInfo,这里由于该类本身比较简单,为了简化,没有单独创建一个类文件。此处的 LINQ 查询先遍历顾客(customers),然后遍历顾客电话(ci.TelTable),相当于嵌套循环。

运行结果如图 5-8 所示。

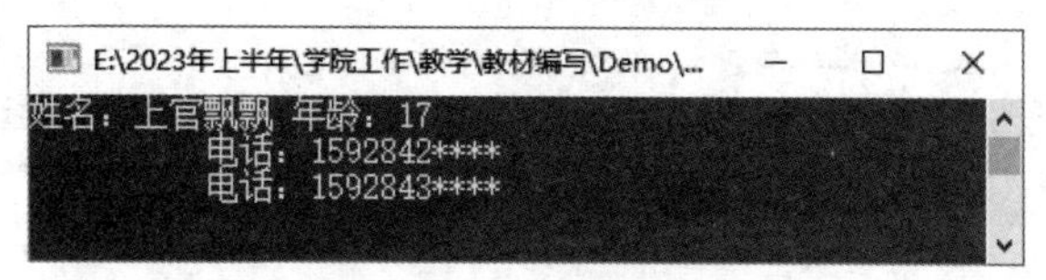

图 5-8　例 21 运行结果

2. where 子句

where 子句的作用是筛选元素，除了开始和结束位置，where 子句几乎可以出现在 LINQ 表达式的任意位置。一个 LINQ 表达式中可以有 where 子句，也可以没有；可以有一个，可以有多个；多个 where 子句之间的关系相当于逻辑“与”，每个 where 子句可以包含一个或多个逻辑表达式，这些条件称为“谓词”，多个谓词之间用布尔运算符隔开，如逻辑“与”用 &&，逻辑“或”用||，而不是用 SQL 中的 AND 或 OR。

例 22：where 子句运用。

在解决方案 Delegate_Lambda_Linq 下添加一个控制台应用(.NET Framework)新项目，名称为 LinqDemo3。在该命名空间下编写如下代码。

```
class CustomerInfo
    {
        public string Name { get; set; }
        public int Age { get; set; }
        public string Tel { get; set; }
    }
    internal class Program
    {
        static void Main(string[] args)
        {
            List<CustomerInfo>  clist =new List<CustomerInfo>{
            new CustomerInfo{ Name="欧阳晓晓", Age=35, Tel ="1330708****"},
            new CustomerInfo{ Name="上官飘飘", Age=17, Tel ="1592842****"},
            new CustomerInfo{ Name="令狐冲", Age=23, Tel ="1380524****"}
                                                   };
            //查询名字是三个字或者名字中第一个字为"令"的，但年龄大于 20 的客户
            var query =from customer in clist
                        where (customer.Name.Length ==3 || customer.Name.
Substring(0, 1) =="令") && customer.Age >20
                        select customer;
            foreach (var ci in query)
            {
                Console.WriteLine("姓名:{0} 年龄:{1} 电话:{2}", ci.Name, ci.Age,
ci.Tel);
            }
            Console.ReadKey();
        }
    }
```

运行结果如图 5-9 所示。

图 5-9 例 22 运行结果

3. select 子句

select 子句指定查询结果的类型和表现形式。

例 23：最简单的 select 就是直接输出 from 子句建立的那个范围变量。

```
int[] arr =new int[] { 0, 1, 2, 3, 4, 5, 6, 7, 8, 9 };
var query =from n in arr
          select n;
```

上面代码片段中的 select n，即遍历输出 arr 数组每个元素值。如果用 select n * 10;那就是针对每个遍历到的元素乘以 10 后再输出。如果是对象，可以用对象.属性的方式输出具体的属性值。

例 24：对查询结果进行投影(转换)。下面使用查询表达式查询 arr 数组中的每一个元素，查询结果转换为一个集合对象的两个属性值：ID 和 Name，它在 select 子句中由匿名对象初始化器创建。每一个对象的 ID 属性的值是当前元素的值，Name 属性的值为元素的值的字符串的表现形式。

在解决方案 Delegate_Lambda_Linq 下添加一个控制台应用(.NET Framework)新项目，名称为 LinqDemo4。在 Program 类中编写如下代码。

```
static void Main(string[] args)
     {
         int[] arr =new int[] { 0, 1, 2, 3, 4, 5, 6, 7, 8, 9 };
         var query =from n in arr
                    select new
                    {
                        ID =n,
                        Name =n.ToString()
                    };
         foreach (var item in query)
         {
             Console.WriteLine(item.ID +"  张" +item.Name);
         }
         Console.ReadKey();
     }
```

运行结果如图 5-10 所示。

4. group 子句

LINQ 表达式必须以 from 子句开头，以 select 或 group 子句结束，所以除了使用 select 子句外，也可以使用 group 子句来返回元素分组后的结果。group 子句用来将查询结果分组，并返回一个对象序列。这些对象包含零个或更多个与该组的 key 值匹配的项。

注意：每一个分组都不是单个元素，而是一个序列(也属于集合)。序列的元素类型为 IGrouping<TKey，TElement>(必须以 group 子句结束的 LINQ 表达式，分组结果类型才为序列。

图 5-10　例 24 运行结果

例 25：在解决方案 Delegate_Lambda_Linq 下添加一个控制台应用(.NET Framework)新项目，名称为 LinqDemo5。在该命名空间下编写如下代码。

```
class CustomerInfo
    {
        public string Name { get; set; }
        public int Age { get; set; }
        public string Tel { get; set; }
    }
internal class Program
    {
        static void Main(string[] args)
        {
            List<CustomerInfo> clist =new List<CustomerInfo>{
            new CustomerInfo{ Name="欧阳晓晓", Age=35, Tel ="1330708****"},
            new CustomerInfo{ Name="上官飘飘", Age=17, Tel ="1592842****"},
            new CustomerInfo{ Name="欧阳锦鹏", Age=35, Tel ="1330708****"},
            new CustomerInfo{ Name="上官无忌", Age=23, Tel ="1380524****"}
                                                            };
            //按照名字的前两个字进行分组
            var query =from customer in clist
                        group customer by customer.Name.Substring(0, 2);

             //下面的 var 可以用 IGrouping<string, CustomerInfo>代替
            foreach (var group in query)
            {
                //group.Key 就能获取分组关键字,即 by 后面的变量值
                Console.WriteLine("分组键:{0}",group.Key);
                foreach (var ci in group)
                {
                    Console.WriteLine("姓名:{0} 电话:{1}", ci.Name, ci.Tel);
                }
                Console.WriteLine("****************************************");
            }
            Console.ReadKey();
        }
    }
```

运行结果如图 5-11 所示。

图 5-11 例 25 运行结果

5. into 子句

into 子句可以用来创建一个临时标识符，将 group、join 或 select 子句的结果存储到这个标识符中。

例 26：在解决方案 Delegate_Lambda_Linq 下添加一个控制台应用(.NET Framework)新项目，名称为 LinqDemo6。在 Program 类中编写如下代码。

如以下代码片段，筛选出数组中大于 1 且小于 6 的元素，然后将元素值分组，按照奇偶分组后把结果存进变量 g 中。

```
int[] arr =new int[] { 0, 1, 2, 3, 4, 5, 6, 7, 8, 9 };
var query =from n in arr
           where n >1 && n <6
           group n by n %2 into g
           from sn in g
           select sn;

foreach (var item in query)
{
    Console.WriteLine(item);
}
```

运行结果如图 5-12 所示。

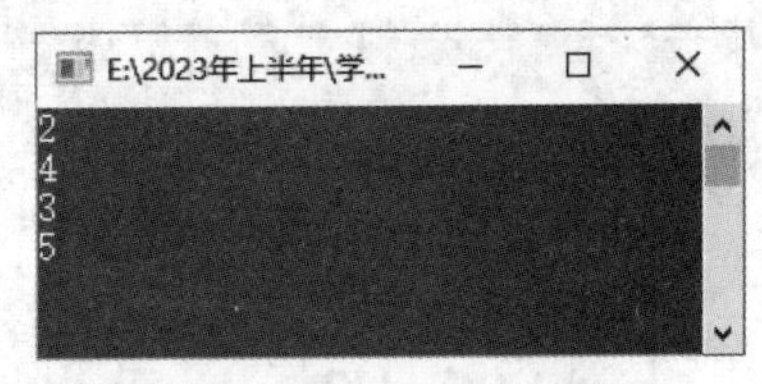

图 5-12 例 26 输出结果

6. orderby 子句(中间无空格)

orderby 子句可使返回的查询结果按升序或者降序排序。升序由关键字 ascending 指定，而降序由关键字 descending 指定。

注意：orderby 子句默认排序方式为升序。

例 27：在解决方案 Delegate_Lambda_Linq 下添加一个控制台应用(.NET Framework)新项目，名称为 LinqDemo7。在 Program 类中分别编写如下两个片段代码。

代码片段 1：

```
int[] arr =new int[] { 0, 1, 2, 3, 4, 5, 6, 7, 8, 9 };
var query =from n in arr
           where n >1 && n <6
           orderby n descending //指定降序
           select n;
```

代码片段 2：

```
int[] arr =new int[] { 0, 1, 2, 3, 4, 5, 6, 7, 8, 9 };
var query =from n in arr
           where n >1 && n <6
           orderby n %2 ascending, n descending
           select n;
```

说明：代码片段 2 中 n%2 表示按照升序排序，n 表示按照降序排序。

注意：n%2 排序关键字优先级大于 n 排序关键字。因此，该查询表达式的结果首先按照 n%2 排序关键字升序排序，然后再按照 n 排序关键字降序排序。第一个排序关键字后的 ascending 可以省略，因为默认排序方式为升序。

7. let 子句

let 子句用于在 LINQ 表达式中存储子表达式的计算结果。即 let 子句创建一个范围变量来存储结果，变量被创建后，不能修改或把其他表达式的结果重新赋值给它。此范围变量可以在后续的 LINQ 子句中使用。

例 28：在解决方案 Delegate_Lambda_Linq 下添加一个控制台应用(.NET Framework)新项目，名称为 LinqDemo8。在该命名空间下编写如下代码。

```
class CustomerInfo
    {
        public string Name { get; set; }
        public int Age { get; set; }
        public string Tel { get; set; }
    }
    internal class Program
    {
        static void Main(string[] args)
        {
            List<CustomerInfo> clist =new List<CustomerInfo>{
            new CustomerInfo{ Name="欧阳晓晓", Age=35, Tel ="1330708****"},
            new CustomerInfo{ Name="上官飘飘", Age=17, Tel ="1592842****"},
            new CustomerInfo{ Name="郭靖", Age=17, Tel ="1330708****"},
            new CustomerInfo{ Name="黄蓉", Age=17, Tel ="1300524****"}
                                                };

            //找姓"郭"或"黄"的客户
            var query =from customer in clist
                        let g =customer.Name.Substring(0, 1)
                        where g =="郭" || g =="黄"
                        select customer;
            foreach (var ci in query)
```

```
            {
                Console.WriteLine("姓名:{0} 年龄:{1} 电话:{2}", ci.Name, ci.Age,
ci.Tel);
            }
            Console.ReadKey();
        }
    }
```

运行结果如图 5-13 所示。

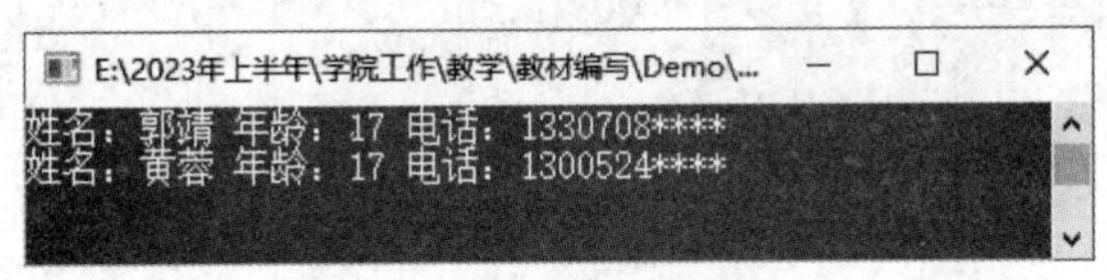

图 5-13　例 28 运行结果

8. join 子句

join 子句用来连接两个数据源,即设置两个数据源之间的关系。join 子句支持以下三种常见连接方式。

内部连接:要求两个数据源都必须存在相同的值,即两个数据源都必须存在满足连接关系的元素。类似于 SQL 语句中的 inner join 子句。

分组连接:包含 into 子句的 join 子句。

左外部连接:元素的连接关系必须满足连接中的左数据源,类似于 SQL 语句中的 left join 子句。

例 29:内部连接。

在解决方案 Delegate_Lambda_Linq 下添加一个控制台应用(.NET Framework)新项目,名称为 LinqDemo9。在 Program 类中编写如下代码。

```
static void Main(string[] args)
{
    int[] arra =new int[] { 0, 1, 2, 3, 4, 5, 6, 7, 8, 9 };
    int[] arrb =new int[] { 0, 2, 4, 6, 8 };
    var query =from a in arra
                where a <7
                join b in arrb on a equals b
                select a;
    foreach (var item in query)
    {
        Console.WriteLine(item);
    }
    Console.ReadKey();
}
```

运行结果如图 5-14 所示。

关于 LINQ 技术本书就讲到这里,有关更深入的 LINQ 技术请读者查阅其他资料。

图 5-14　例 29 运行结果

小结

本章主要讲解了委托的基础知识，委托的应用举例，内置委托 Action、Action＜T＞、Func＜T＞，多播委托，匿名方法，Lambda 表达式和 LINQ 技术。这些技术在综合开发中会经常用到，希望读者通过实例与实际动手操作认真领悟理解。

练习与实践

1. 简答题

(1) 谈谈你对委托的理解。

(2) 为什么在 LINQ 中 select 子句在 from 子句之后？

(3) Lambda 表达式的主要作用是什么？

2. 实践题

查询 student 表中“95031”班或性别为“女”的同学记录。要求用 SQL 语句、Lambda 表达式、LINQ 技术三种技术分别写查询语句。

假设班级字段名为 class，姓名字段名为 sex。

第 6 章　Entity Framework 技术

前面几章学习了 ADO.NET 数据库访问技术，这种数据库访问技术需要手动编写 SQL 语句，那么有没有不需要手动编写 SQL 语句的数据库访问技术呢？本章学习的 Entity Framework(EF)技术就是一种不需要手动编写 SQL 语句的数据库访问技术。

学习目标

(1) 理解 EF 的概念精髓(包含 EF 与 ADO.NET 的联系与区别)。

(2) 能够利用 EF 增、删、改数据。

(3) 能够利用 EF 查询，包括 LINQ to EF、Lambda 查询、LINQ 查询、分页查询、查询部分列等。

(4) 掌握延迟加载的方法，能合理使用延迟加载。

思政目标及设计建议

根据新时代软件工程师应该具备的基本素养，挖掘课程思政元素，有机融入教学中，本章思政目标及设计建议如表 6-1 所示。

表 6-1　第 6 章思政目标及设计建议

思 政 目 标	思政元素及融入
激发学生要广泛深入学习，提高认知	通过 EF 和 ADO.NET 数据库访问技术的对比激发学生要广泛深入学习，提高自己的认知，从而提高自己分析问题、解决问题的能力
培养自主探索、敬业、专注的工匠精神	通过课前自主学习，培养自主探索、敬业、专注的工匠精神

6.1　Entity Framework 简介

1. Entity Framework 初步认识

Entity Framework 的全称是 ADO.NET Entity Framework，简称为 EF(中文称为实体框架)，是微软以 ADO.NET 为基础发展出来的对象关系对应(ORM)解决方案，是微软封装好的一种 ADO.NET 数据实体模型，将数据库结构以 ORM 模式映射到应用程序中。

EF 主要特点如下。

(1) 支持多种数据库(如 MS SQL Server、Oracle、MySQL、DB2)。

(2) 与 Visual Studio 开发环境友好集成。

2. 什么是 ORM、EF

ORM(Object Relational Mapping,对象关系映射)是一种为了解决面向对象与关系数据库存在的互不匹配的现象的技术。ORM 框架是连接数据库的桥梁,只要提供了持久化类与表的映射关系,ORM 框架在运行时就能参照映射文件的信息,把对象持久化到数据库中,如图 6-1 所示。

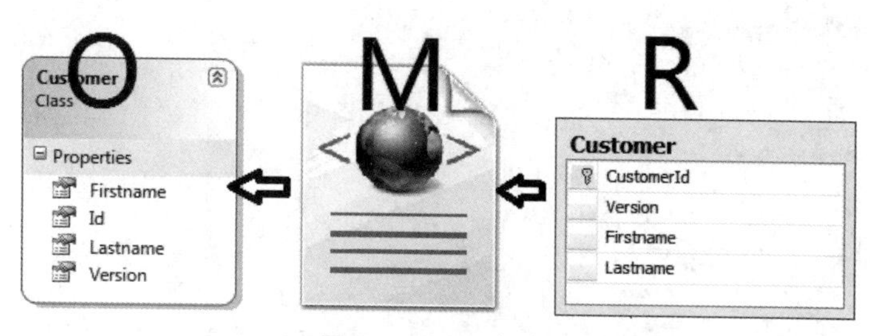

图 6-1　ORM 框架

通俗地说,ORM 是一种解决面向对象的对象模型和关系数据库的数据结构之间相互转换的思想。ORM 的主要思想精髓是实现表实体类和数据表的相互转换。

EF 是实现 ORM 思想的一种框架。EF 提供变更跟踪、唯一性约束、惰性加载、查询事物等。开发人员使用 LINQ 技术对数据库的操作如同操作 object 对象一样简单。

EF 有以下三种使用场景。

(1) 从数据库生成 Class(DataBase First)。

(2) 由实体类生成数据库表结构(Model First)。

(3) 通过数据库可视化设计器设计数据库,同时生成实体类(Code First)。

注意:使用 EF 去操作数据库不需要手动编写 SQL 语句,但是底层还是要通过 SQL 语句去操纵数据库,相应 SQL 语句是由 EF 自动生成的。

3. ADO.NET 与 EF 的主要区别

ADO.NET 数据库访问技术属于弱类型,要手动编写字段名等。

EF 属于强类型,通过输入"对象."就会弹出相应属性或方法等,不容易出错。

当然,从性能上来看,ADO.NET 要优于 EF(主要就是生成 SQL 脚本阶段、数据转换为实体阶段有性能损耗)。

6.2　通过实体数据模型生成数据库

打开 Visual Studio 2022,创建一个解决方案 Entity Framework 和一个控制台应用(.NET Framework)项目 EFDemo1,如图 6-2 所示。

1. 添加实体数据模型

(1) 右击项目 EFDemo1,依次选择"添加"→"新建项",弹出如图 6-3 所示的对话框,选择"ADO.NET 实体数据模型",名称取为 DataModel。

(2) 在图 6-3 中单击"添加"按钮,打开如图 6-4 所示的"实体数据模型向导"对话框,这里选择"空 EF 设计器模型",然后单击"完成"按钮,之后打开 DataModel.edmx 文件,即实体

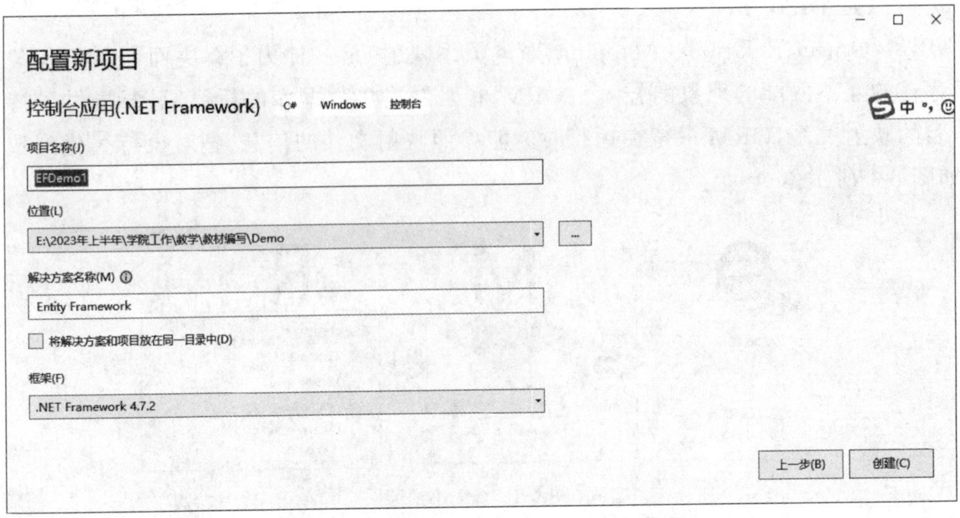

配置新项目
控制台应用(.NET Framework) C# Windows 控制台
项目名称(J)
EFDemo1
位置(L)
E:\2023年上半年\学院工作\教学\教材编写\Demo
解决方案名称(M)
Entity Framework
将解决方案和项目放在同一目录中(D)
框架(F)
.NET Framework 4.7.2
上一步(B) 创建(C)

图 6-2 创建解决方案和控制台应用项目

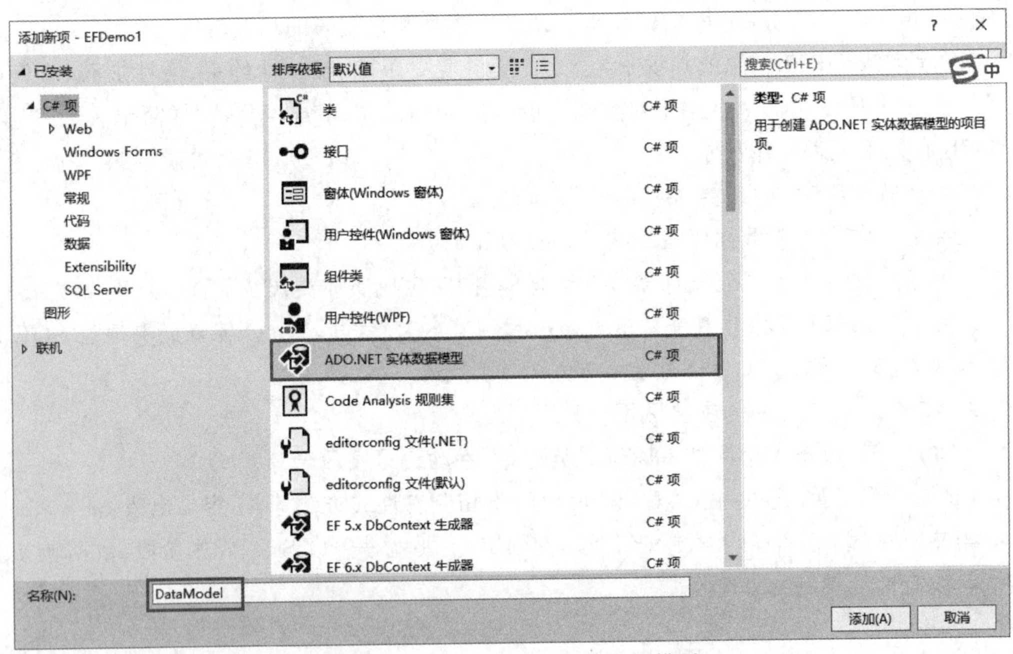

图 6-3 新建 ADO.NET 实体数据模型

数据模型设计界面,如图 6-5 所示。

(3) DataModel.edmx 文件的认识。

DataModel.edmx 是 EF 的核心文件。右击 DataModel.edmx,选择通过 XML(文本)编辑器打开 DataModel.edmx 文件(实体数据模型文件),主要代码如图 6-6 所示。

代码主要由以下三节构成。

<edmx:StorageModels>定义存储模型,对应数据表(R)。

<edmx:ConceptualModels>定义概念模型,对应实体(O)。

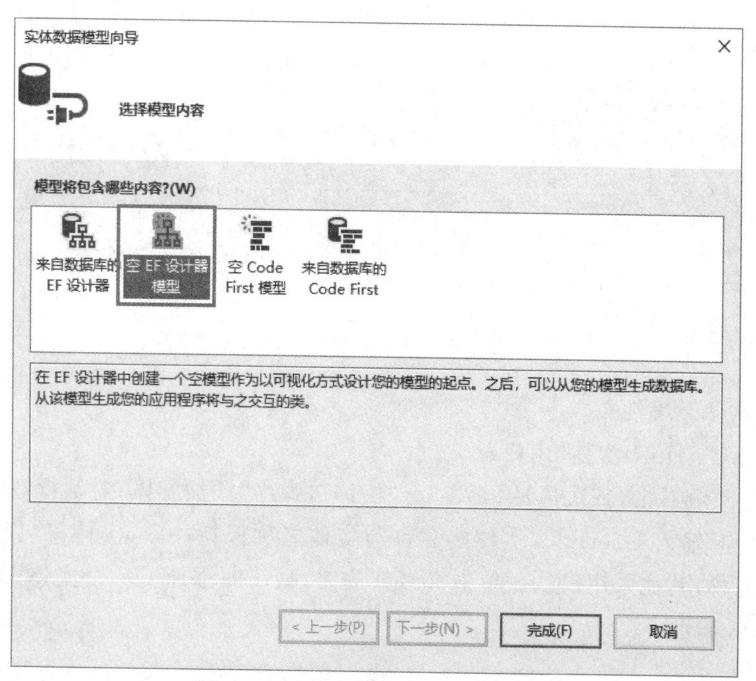

图 6-4　“实体数据模型向导”对话框

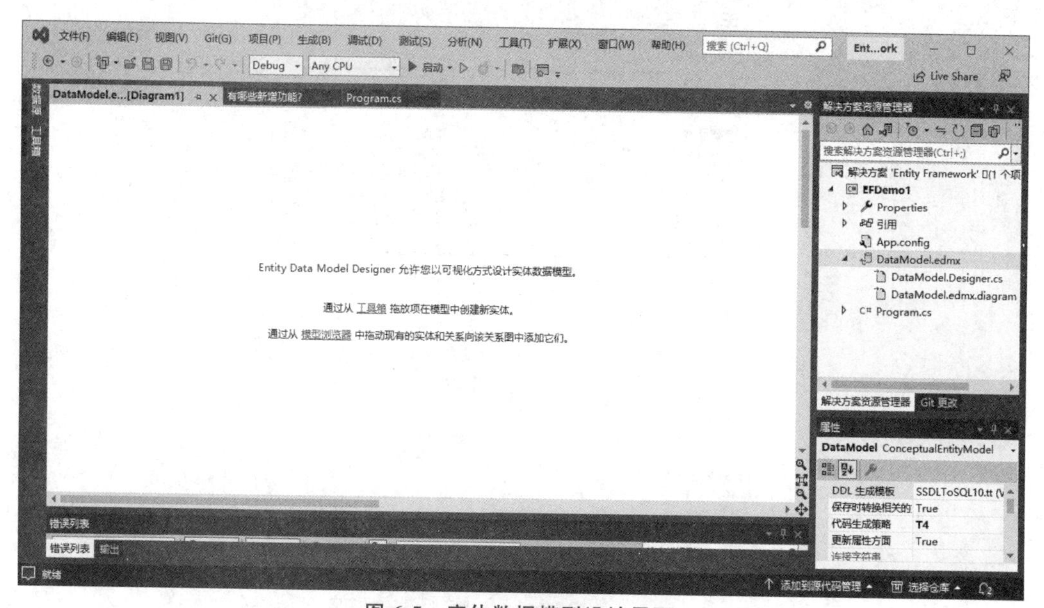

图 6-5　实体数据模型设计界面

＜edmx:Mappings＞定义存储模型与概念模型之间的映射(M)。

EF 就是使用这些基于 XML 的模型和映射文件将对概念模型中的实体和关系的创建、读取、更新和删除操作转换为数据源中的等效操作。也就是说，EF 正是通过 DataModel.edmx 文件“知道”表和实体之间的变化。

```
<?xml version="1.0" encoding="utf-8"?>
<edmx:Edmx Version="3.0" xmlns:edmx="http://schemas.microsoft.com/ado/2009/11/edmx">
  <!-- EF Runtime content -->
  <edmx:Runtime>
    <!-- SSDL content -->
    <edmx:StorageModels>...</edmx:StorageModels>
    <!-- CSDL content -->
    <edmx:ConceptualModels>...</edmx:ConceptualModels>
    <!-- C-S mapping content -->
    <edmx:Mappings>...</edmx:Mappings>
  </edmx:Runtime>
  <!-- EF Designer content (DO NOT EDIT MANUALLY BELOW HERE) -->
  <Designer xmlns="http://schemas.">...</Designer>
</edmx:Edmx>
```

图 6-6　实体数据模型主要代码

2. 添加实体及属性

(1) 添加 UserInfo 实体(用户)。

在图 6-5 左侧右击,依次选择"新增"→"实体",弹出"添加实体"对话框,如图 6-7 所示。这里"实体名称"输入 UserInfo,实体集名称与实体名称保持一致,实体集名称就是后续生成的数据表名称,其他采用默认。单击"确定"按钮,默认即添加了一个实体 UserInfo,同时有一个默认 Id 属性。

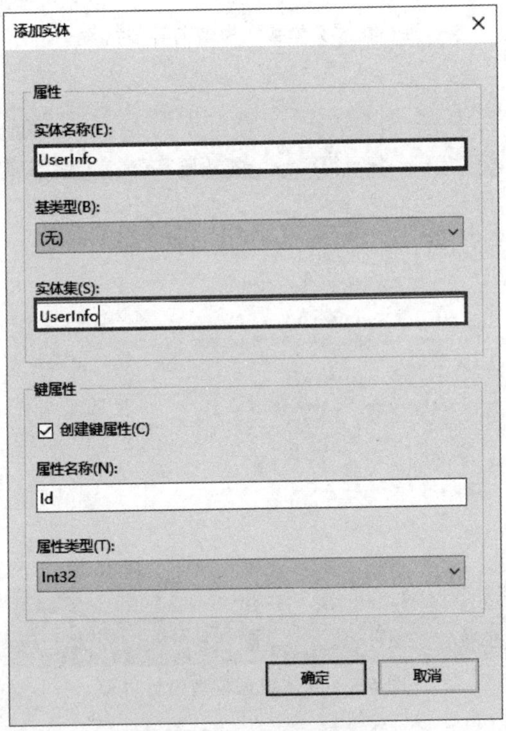

添加实体
属性
实体名称(E):
UserInfo
基类型(B):
(无)
实体集(S):
UserInfo
键属性
创建键属性(C)
属性名称(N):
Id
属性类型(T):
Int32
确定
取消

图 6-7　添加 UserInfo 实体

右击实体 UserInfo,依次选择"新增"→"标量属性",属性名取为 Uname,然后在右侧设置属性,可以为 null,设置为 true,最大长度设置为 32。

右击实体 UserInfo,依次选择"新增"→"标量属性",属性名取为 Pwd,然后在右侧设置属性,可以为 null,设置为 true,最大长度设置为 32。

右击实体 UserInfo，依次选择“新增”→“标量属性”，属性名取为 ShowName，然后在右侧设置属性，可以为 null，设置为 true，最大长度设置为 50。

添加完标量属性的 UserInfo 实体如图 6-8 所示，之后单击“保存”按钮。

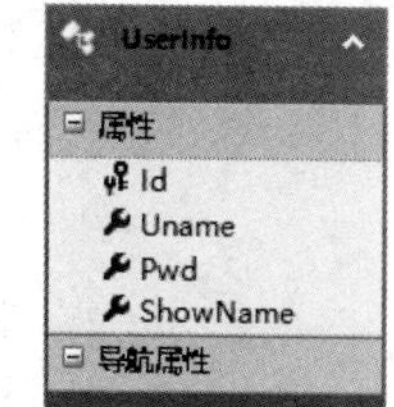

图 6-8　UserInfo 实体及属性

(2) 添加 OrderInfo 实体(订单)。

继续添加实体，在图 6-5 左侧右击，依次选择“新增”→“实体”，弹出“添加实体”对话框，如图 6-9 所示。这里“实体名称”输入 OrderInfo，实体集名称与实体名称保持一致，实体集名称就是后续生成的数据表名称，其他采用默认。单击“确定”按钮，默认即添加了一个实体 OrderInfo，同时有一个默认 Id 属性。

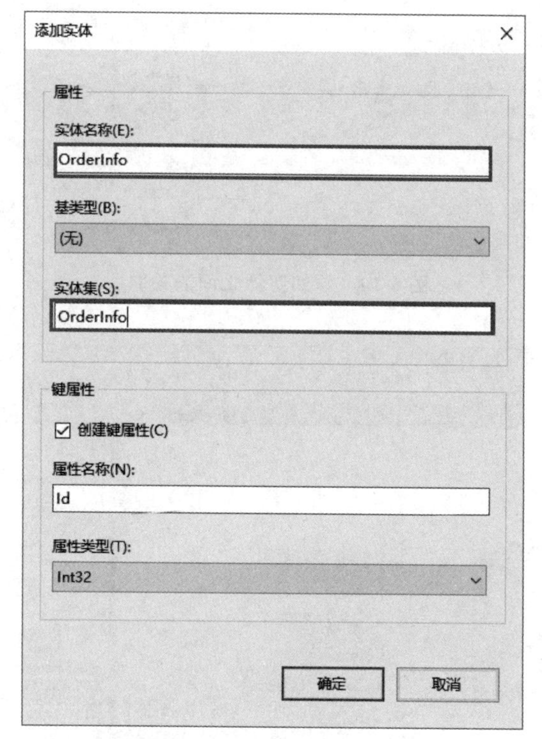

图 6-9　添加 OrderInfo 实体

右击实体 OrderInfo，依次选择“新增”→“标量属性”，属性名取为 Content，然后在右侧设置属性，可以为 null，设置为 true，最大长度设置为 64。

(3) 建立以上两个实体的一对多的关系。

在图 6-5 空白处右击，依次选择“新增”→“关联”，弹出如图 6-10 所示对话框，默认即为一对多，单击“确定”按钮即可。之后 DataModel.edmx 的设计界面如图 6-11 所示。

说明：中间若弹出警告提示对话框，都单击“确定”按钮即可。

3. 根据实体数据模型生成数据表

保存之后，发现没有生成 DataModel.tt 文件，这时右击设计空白处，选择“添加代码生成项”，弹出如图 6-12 所示对话框。对话框中选择“EF 6.x DbContext 生成器”，名称改为

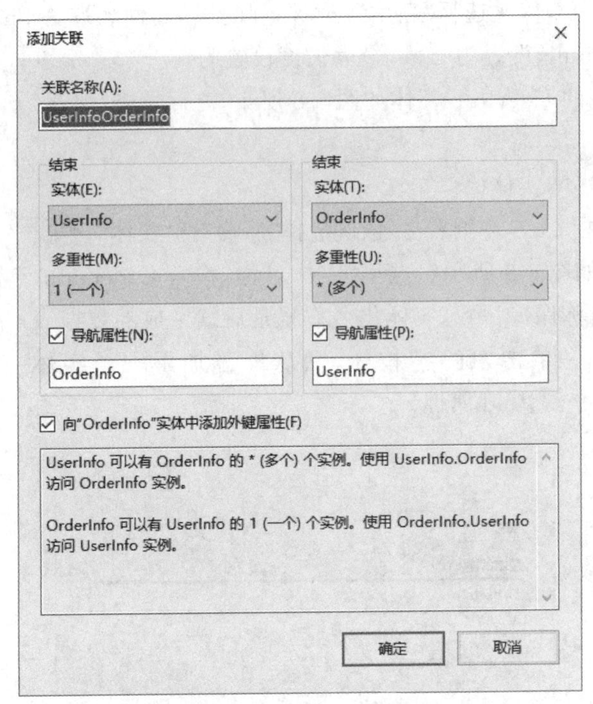

图 6-10　添加实体之间的关联

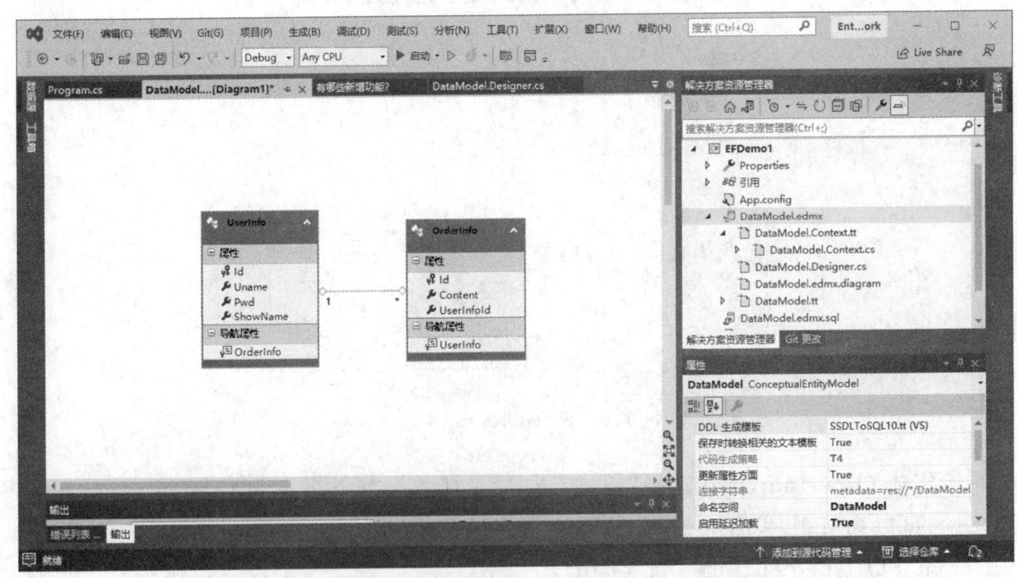

图 6-11　添加实体之后的 DataModel.edmx 设计界面

DataModel.tt,然后单击"添加"按钮,之后就会添加 EntityFramework.dll 和 EntityFramework.SqlServer.dll 等相关的引用,中间会提示安全警告,单击"确定"按钮即可。之后即会生成相应的 DataModel.tt 文件。

在图 6-11 左侧右击,选择"根据模型生成数据库",弹出如图 6-13 所示的"'生成数据库'向导"对话框,然后单击"新建连接"按钮,弹出如图 6-14 所示"选择数据源"对话框,在此

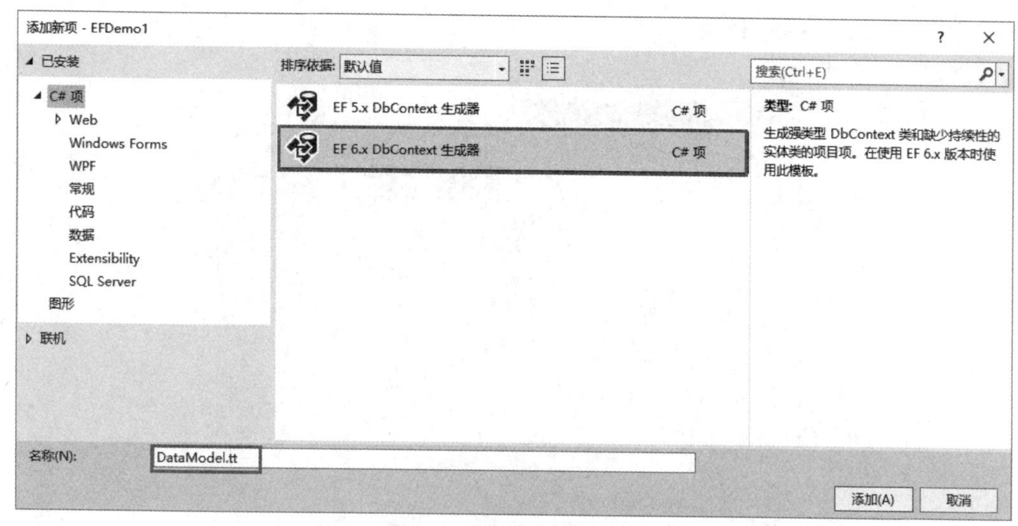

图 6-12　添加代码生成项

选择第一项。

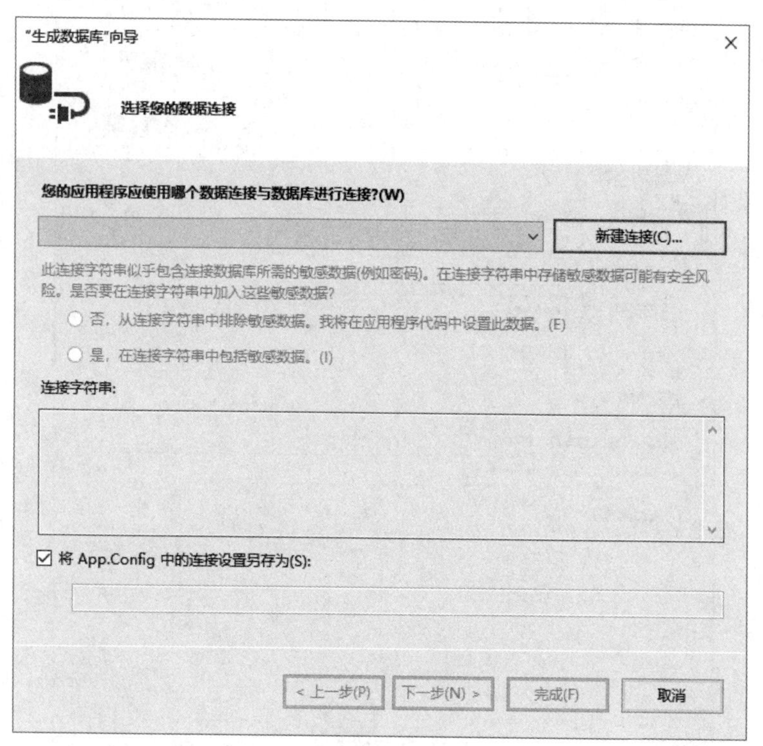

图 6-13　生成数据库向导(1)

接着单击“继续”按钮，弹出如图 6-15 所示“连接属性”对话框。在此设置要连接的数据库服务器名称、身份验证方式及要连接的数据库，具体设置如图 6-15 所示。

在图 6-15 中单击“确定”按钮，回到“‘生成数据库’向导”对话框，如图 6-16 所示。在该对话框中选择“是，在连接字符串中包括敏感数据”单选按钮，单击“下一步”按钮弹出“‘生成

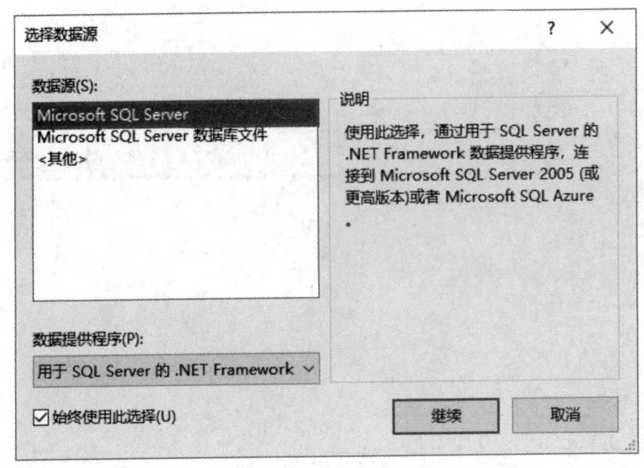

图 6-14　选择数据源

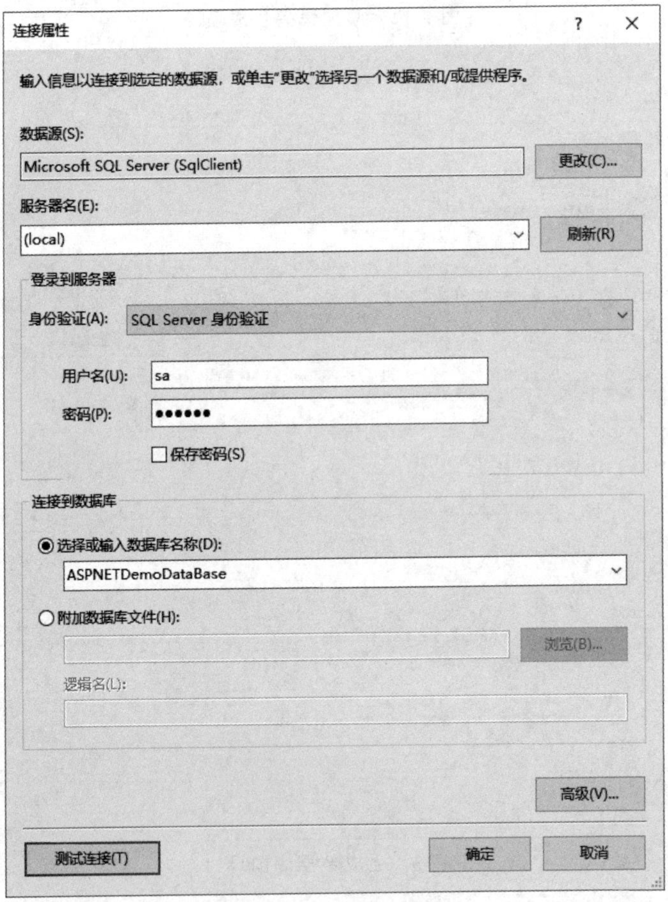

图 6-15　“连接属性”对话框

数据库’向导”对话框，如图 6-17 所示。

在图 6-17 中单击“完成”按钮，即生成 DataModel.edmx.sql 文件，然后选择该文件，单击该文件选项卡左侧三角形的“执行”按钮，弹出如图 6-18 所示的“连接”对话框，设置如

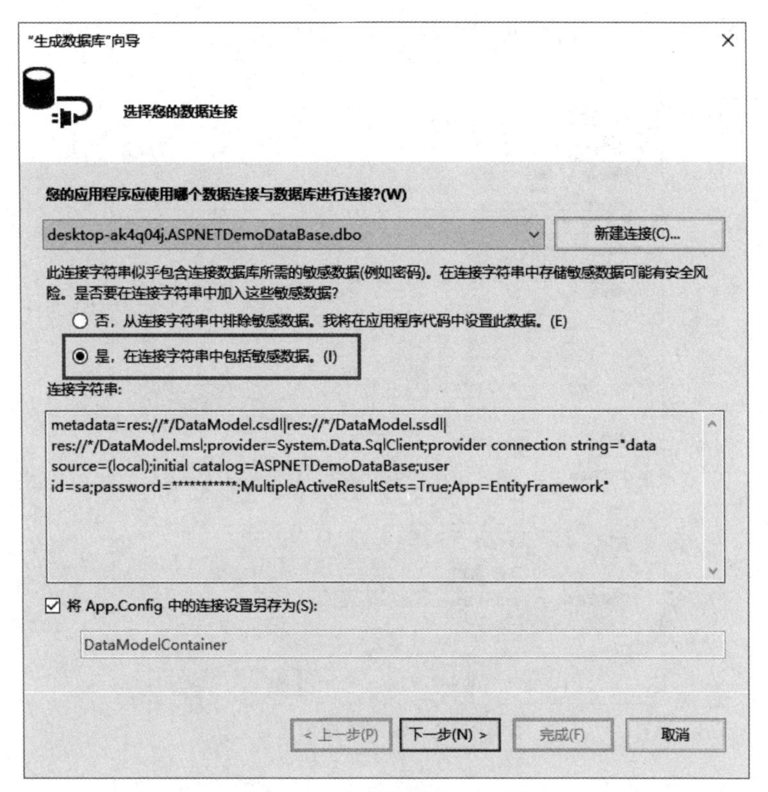

图 6-16 生成数据库向导(2)

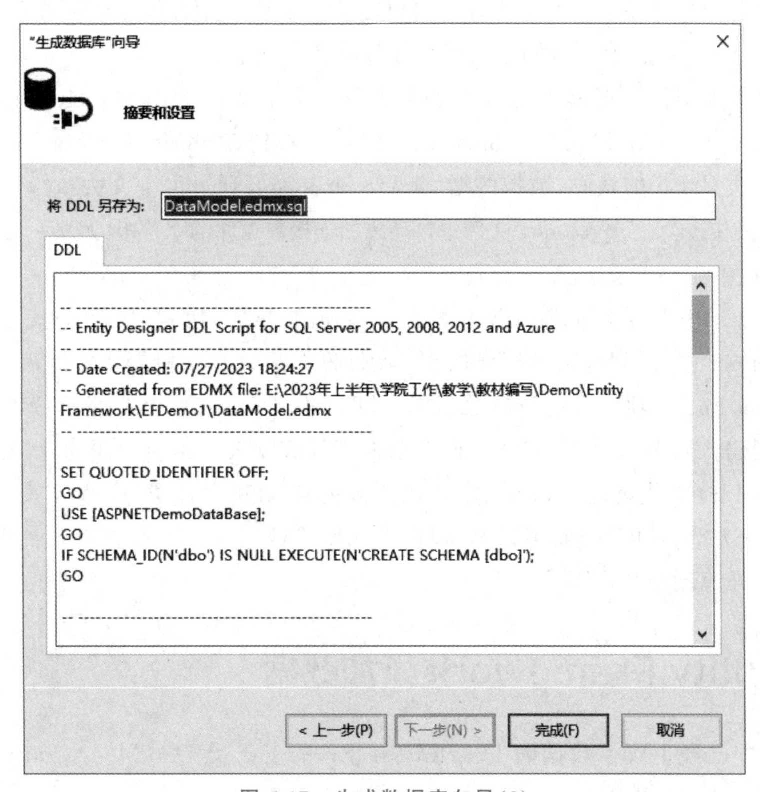

图 6-17 生成数据库向导(3)

图 6-18 所示。单击“连接”按钮后即可执行完成。之后可以到数据库下查看生成的数据库表 UserInfo。

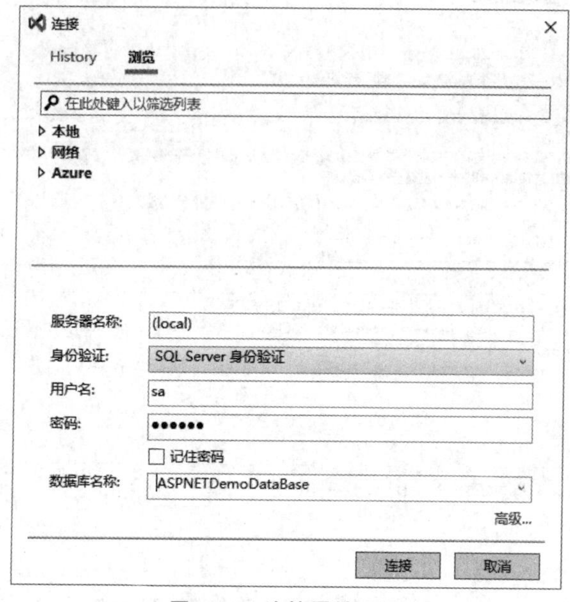

图 6-18　连接属性设置

说明：

（1）以上步骤中选择了数据库 ASPNETDemoDataBase，实际上，数据库事先不存在，设置时只需要取个名字，后续可以同步生成数据库和数据表。

（2）上面添加实体数据模型的过程会生成一个上下文类 DataModelContainer（依次展开 DataModel.edmx→DataModel.Context.tt，即可以看到 DataModel.Context.cs，也就是该类文件），这个类是 EF 的核心，数据的增、删、改、查都需要通过上下文去执行。

（3）以上操作还会在 App.config 文件中自动添加连接数据库的字符串，无须手动再去添加。

EF 常用以下三种开发方式。

（1）DataBase First：数据库优先开发方式，先有数据库，然后根据数据库生成实体数据模型。即在图 6-4 中选择“来自数据库的 EF 设计器”，后续步骤根据相关提示设置。

（2）Model First：项目开始没有数据库，借助 EF 设计模型，然后根据模型同步完成数据库及表的创建。简单地说，先有模型再有数据库及数据表。本节使用的就是这种方式。

（3）Code First：代码优先方法，简单地说就是先创建实体类、上下文类，打上特性标签，如属性不能为空，长度为 20 等，然后根据类来生成数据库。一般后期增加修改系统选用 Code First，这样改动就会非常小。

6.3　Entity Framework 添加数据

在 6.2 节中已经生成了数据表 UserInfo 和 EF 的上下类 DataModelContainer，接下来演示如何通过 EF 添加数据。有三种应用方式，以下分别演示。

打开 EFDemo1 的 Program.cs 文件，以下代码均写在该类的 Main()方法中。

(1) 通过上下文对象.实体.Add(要添加的实体对象)添加数据，示例代码如下。

```
//(1)创建一个上下文对象 dbContent
DataModelContainer dbContent =new DataModelContainer();
//(2)创建一个要添加的实体 user 对象
UserInfo user =new UserInfo();
user.Uname ="zs";
user.Pwd ="123";
user.ShowName ="张三";
//(3)告诉 EF 上下文要对上面的实体做插入操作
//要添加对 EntityFramework.dll 和 EntityFramework.SqlServer.dll 的引用(6.2 节中
//根据实体模型生成数据表的步骤已经添加过引用)
dbContent.UserInfo.Add(user);
//(4)告诉 EF 上下文把实体的变化保存到数据库中
dbContent.SaveChanges();
Console.WriteLine("ok");
Console.ReadKey();
```

启动运行，即能向数据库(ASPNETDemoDataBase)中的 UserInfo 表中添加一条记录。

(2) 将要添加的实体附加到上下文中，然后设置对实体要执行添加操作，示例代码如下。

```
//(1)创建一个上下文对象 dbContent
DataModelContainer dbContent =new DataModelContainer();
//(2)创建一个要添加的实体 user 对象
UserInfo user =new UserInfo();
user.Uname ="ls";
user.Pwd ="123456";
user.ShowName ="李四";
//(3)告诉 EF 上下文要对上面的实体做插入操作
//将给定的实体附加到上下文中
dbContent.UserInfo.Attach(user);
dbContent.Entry<UserInfo>(user).State =System.Data.Entity.EntityState.Added;
//EF 6.0
//(4)告诉 EF 上下文把实体的变化保存到数据库中
dbContent.SaveChanges();
Console.WriteLine("ok");
Console.ReadKey();
```

启动运行，即又向数据库(ASPNETDemoDataBase)中的 UserInfo 表中添加一条记录。

说明：后面每次启动运行前把前面的代码注释掉，即只运行本段代码。

(3) 实体之间的关联及多个实体的变化一次性提交到数据库，示例代码如下。

```
DataModelContainer dbContent =new DataModelContainer();
        //(1)添加一个用户
        UserInfo user =new UserInfo();
        user.Uname ="xdz";
        user.Pwd ="123456";
        user.ShowName ="小豆子";
```

```
dbContent.UserInfo.Add(user);
//(2)添加两个订单
OrderInfo order1 =new OrderInfo();
order1.Content ="订单满 100 元";
dbContent.OrderInfo.Add(order1);

OrderInfo order2 =new OrderInfo();
order2.Content ="订单满 500 元";
dbContent.OrderInfo.Add(order2);

//(3)关联三个实体(一个用户拥有两个订单),有两种方式
//第 1 种方式:通过用户添加订单实体到自己的导航属性
user.OrderInfo.Add(order1);
//第 2 种方式:通过订单指定用户实体,下面两条语句都可以
order2.UserInfo =user;
//order2.UserInfoId =user.Id;

//(4)多个实体变化一次性提交到数据库,减少与数据库的交互,减轻数据库负荷
dbContent.SaveChanges();
Console.WriteLine("ok");
Console.ReadKey();
```

启动运行，即又向数据库(ASPNETDemoDataBase)中的 UserInfo 表中添加一条记录，同时为该用户添加了两个订单信息。此时数据库 UserInfo 表和 OrderInfo 表中的记录如图 6-19 和图 6-20 所示。

Id	Uname	Pwd	ShowName
1	zs	123	张三
2	ls	123456	李四
3	xdz	123456	小豆子

图 6-19 UserInfo 表记录

Id	Content	UserInfoId
1	订单满100元	3
2	订单满500元	3

图 6-20 OrderInfo 表记录

说明：以上三段代码中 dbContent.SaveChanges()都不能少，因为只有执行了上下文对象的 SaveChanges()方法才能更新数据库。

6.4 Entity Framework 修改数据

修改有修改所有字段和修改部分字段的操作，两种操作 EF 实现有所不同，具体如下。

1. 修改所有字段，没有重新赋值的字段将赋值为 null

示例代码如下，含义参见注释。主要思路是：实例化要修改的实例对象，指明要修改记录的主键，并给要修改的字段赋新值，所有字段都要赋新值，否则将会被赋值为 null；指明对实体对象要做的修改操作，有泛型和非泛型两种写法；最后执行上下文对象的 SaveChanges()方法更新数据库。

```
DataModelContainer dbContent =new DataModelContainer();
UserInfo user =new UserInfo();
user.Id =1; //必须给出要修改记录的主键,否则报错
```

```
user.Uname ="wh";
user.Pwd ="123456";
user.ShowName ="王浩";

//指明执行修改操作,这是修改所有字段。有泛型和非泛型写法
//泛型版本写法
dbContent.Entry<UserInfo>(user).State = System.Data.Entity.EntityState.
Modified;
//非泛型版本写法
//dbContent.Entry(user).State=System.Data.Entity.EntityState.Modified;
dbContent.SaveChanges();
Console.WriteLine("ok");
Console.ReadKey();
```

2. 修改部分字段,没有重新赋值的字段保持值不变

示例代码如下,含义参见注释。主要思路是:实例化要修改的实例对象,指明要修改记录的主键,并给要修改的字段赋新值;将实例化对象附加到上下文中(有两种方法);指明哪些字段要做修改,有泛型(强类型)和非泛型(弱类型)两种写法;最后执行上下文对象的SaveChanges()方法更新数据库。

```
DataModelContainer dbContent =new DataModelContainer();
UserInfo user =new UserInfo();
//没有重新赋值的字段将保持值不变
user.Id =1;//主键必须给出,否则报错
user.Uname ="wangh";
user.Pwd ="123";
dbContent.UserInfo.Attach(user);//修改部分字段必须先附加或者下面那句也行
//dbContent.Entry<UserInfo>(user).State = System.Data.Entity.EntityState.
Unchanged;
//指明哪些字段做修改,也有泛型和非泛型两种写法
//泛型版本写法,即强类型
dbContent.Entry<UserInfo>(user).Property<string>(u =>u.Pwd).IsModified =
true;
dbContent.Entry<UserInfo>(user).Property<string>(u =>u.Uname).IsModified =
true;
//非泛型版本写法,即弱类型
//dbContent.Entry<UserInfo>(user).Property("Pwd").IsModified =true;
//dbContent.Entry<UserInfo>(user).Property("Uname").IsModified =true;
dbContent.SaveChanges();
Console.WriteLine("ok");
Console.ReadKey();
```

说明:建议采用强类型写法,字段名不容易出错,弱类型字段名写错了只有到了运行阶段才会报错。

6.5 Entity Framework 删除数据

EF 的删除操作通常有以下两种方式。

(1) 对要删除的实体标记为删除状态,然后执行删除,示例代码如下。

```
DataModelContainer dbContent =new DataModelContainer();
UserInfo user =new UserInfo();
//给出要删除实体的主键
user.Id =2;
//将实体状态标记为删除
dbContent.Entry<UserInfo>(user).State=System.Data.Entity.EntityState.
Deleted;
//执行更新数据库,即删除
dbContent.SaveChanges();
Console.WriteLine("ok");
Console.ReadKey();
```

(2) 将要删除的实体附加到上下文中,然后告诉上下文对象要执行删除操作,最后再执行删除,示例代码如下。

```
DataModelContainer dbContent =new DataModelContainer();
UserInfo user =new UserInfo();
//指明要删除实体的主键
user.Id =4;
//把要删除实体附加到上下文对象中
dbContent.UserInfo.Attach(user);
//告诉上下文对象要执行删除操作
dbContent.UserInfo.Remove(user);
//上下文对象更新数据库,即删除
dbContent.SaveChanges();
Console.WriteLine("ok");
Console.ReadKey();
```

6.6 Entity Framework 查询数据

EF 查询相对比较复杂,种类情况比较多,下面一一阐述。

为方便测试,通过下面的代码向 UserInfo 表中添加 10 条记录。

```
DataModelContainer dbContent =new DataModelContainer();
for (int i =0; i<10; i++)
{
  UserInfo user =new UserInfo();
  user.Uname ="zs"+i;
  user.Pwd ="123";
  user.ShowName ="张三"+i;
  dbContent.UserInfo.Add(user);
```

```
}
//最后一次性更新数据库
dbContent.SaveChanges();
```

1. 遍历输出表中所有记录

```
DataModelContainer dbCotent =new DataModelContainer();
    foreach (var user in dbCotent.UserInfo)
    {
        Console.WriteLine(user.Id +"   " +user.Uname);
    }
Console.ReadKey();
```

2. LINQ to EF 查询

LINQ 查询是一种高效查询,执行时会先执行 where 条件过滤出符合条件的数据,不是先查询出所有数据再过滤,而是在数据库端就过滤了。LINQ 查询返回值是 IQuerable<实体类型>类型,是一种泛型接口集合。

(1) 单条件查询。

```
DataModelContainer dbCotent =new DataModelContainer();
//LINQ 查询返回值是 IQuerable<UserInfo>类型,一种泛型接口集合
//IQueryable<UserInfo> temp =from u in dbCotent.UserInfo //与下面一句等效
var temp =from u in dbCotent.UserInfo
          where u.Id>5
          select u;
//因此查询出来的 temp 就是一个 IQueryable 集合,里面装的是 UserInfo 类型数据
foreach (var user in temp)
{
    Console.WriteLine(user.Id +"   " +user.Uname);
}
Console.ReadKey();
```

(2) 多条件查询。

```
//过滤条件:Id 大于 5,且 Uname 包含 x,Uname 以 x 开头
            var temp =from u in dbCotent.UserInfo
            where u.Id>5 &&u.Uname.Contains("x") &&u.Uname.StartsWith("x")
            select u;
//等价于下面用多个 where 写法
            var temp =from u in dbCotent.UserInfo
            where u.Id>5
            where u.Uname.Contains("x")
            where u.Uname.StartsWith("x")
            select u;
//&& 表示与,||表示或
//过滤条件:Id 大于 5,且 Uname 包含 zs 或者 Uname 以 x 开头
            var temp =from u in dbCotent.UserInfo
            where u.Id>5 &&u.Uname.Contains("zs") || u.Uname.StartsWith("x")
            select u;
```

(3) 延迟加载,用到的时候才去查询数据库。

```
DataModelContainer dbCotent =new DataModelContainer();
var temp1 =from u in dbCotent.UserInfo
            where u.Id>5
            select u;

var temp2 =from u in temp1
            where u.Id<10 &&u.Uname.Contains("zs")
            select u;

//注意:上面有两个 LINQ to EF 语句,但不会执行两次查询,因为都会延迟到用的时候才查询,
//所以上面两条查询会合并后才执行查询
foreach (var user in temp2)
{
    Console.WriteLine(user.Id +"    " +user.Uname);
}
Console.ReadKey();
```

(4) 多表查询,通过导航属性多表查询,没有进行表连接查询,数据量大时采用,属于延迟加载方式。

```
DataModelContainer dbCotent =new DataModelContainer();
    //延迟加载
    var temp =from u in dbCotent.UserInfo
              where u.Id>1
              select u;
    //通过导航属性多表查询,没有进行表连接查询
    foreach (var user in temp)
    {
        //OrderInfo 为 user 的导航属性
        foreach (var orderInfo in user.OrderInfo)
        {
            Console.WriteLine(user.Uname +"    " +orderInfo.Id +"    " +orderInfo.
Content);
        }
    }
    Console.ReadKey();
```

(5) 多表查询,通过 Include()方法取消延迟加载,进行表连接查询,数据量小时采用。

```
DataModelContainer dbCotent =new DataModelContainer();
    //用 Include()进行表连接查询,取消了延迟加载
    var temp =from u in dbCotent.UserInfo.Include("OrderInfo")
              where u.Id>1
              select u;
    //通过导航属性多表查询,没有进行表连接查询
    foreach (var user in temp)
    {
        foreach (var orderInfo in user.OrderInfo)
        {
```

```
            Console.WriteLine(user.Uname +"  " +orderInfo.Id +"  " +orderInfo.
Content);
        }
    }
    Console.ReadKey();
```

3. LINQ to Object

```
DataModelContainer dbCotent =new DataModelContainer();
    //IQueryable<UserInfo>=from u in dbCotent.UserInfo.ToList() //与下面一句
//等效
    var temp =from u in dbCotent.UserInfo.ToList()
             where u.Id>5
             select u;
    //这里加了 ToList(),就会先转换为 List 集合,这条语句就不是 LINQ to EF,而是 LINQ
    //to Object。ToList()会把所有数据加载到内存,然后再根据下面的 where 条件过滤,即
    //在内存中过滤:就是把数据库中的所有数据查询到程序中之后再进行过滤,如果数据库中
    //数据量庞大,内存就会溢出
    foreach (var user in temp)
    {
        Console.WriteLine(user.Id +"  " +user.Uname);
    }
    Console.ReadKey();
```

4. List 集合(包括 Array、Dictionary)与 IQueryable 集合的区别

IQueryable 转到定义可以看到 IQueryable 的原始代码,如图 6-21 所示。

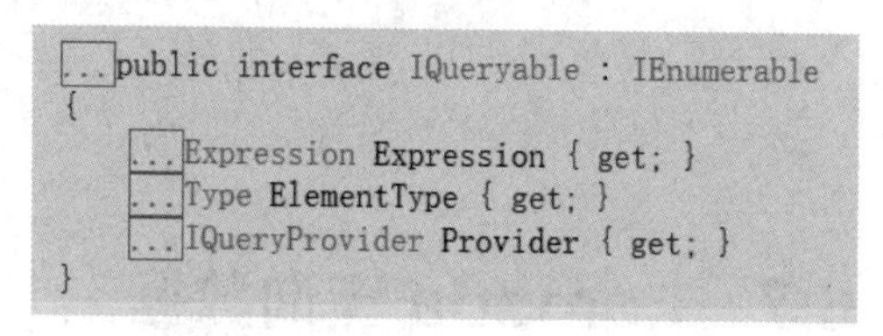

```
public interface IQueryable : IEnumerable
{
    Expression Expression { get; }
    Type ElementType { get; }
    IQueryProvider Provider { get; }
}
```

图 6-21　IQueryable 接口内置代码

从图 6-21 可以看出,IQueryable 接口集合只有三个属性,不能存储数据,而 List 集合是定义好了(或者转换为 List 集合)就是向内存申请了存储空间,可以直接存储数据。LINQ to EF 查询返回的是 IQueryable 接口集合,初始化时(赋值一条 LINQ to EF 语句)只是给其三个属性赋值,分别是表达式树(expression)、元素类型(ElementType)、表达式树解析者(提供者 Provider)。当用到 IQueryable 集合时由表达式树解析者对表达式树进行解析,生成 SQL 语句,然后才执行,所以属于延迟加载类型。因此可以认为,List 为本地集合,IQueryable 为离线集合。另外,IEnumerable 也为本地集合,只要一转为 IEnumerable 类型,数据立刻就会加载到内存。

说明:LINQ to EF 默认基本都是延迟加载,但是采用方法 ToList()、Include()、FirstOrDefault()则会取消延迟加载。

通常在多层架构中,数据访问层都让它返回 IQueryable,这样可以把对数据的加载延迟到业务逻辑层来处理,业务逻辑层根据需要转换为 List 或 IEnumberable,当然业务逻辑层还可以使用延迟加载,等到真正需要数据时再把数据加载进来。

5. LINQ 分页查询

```
DataModelContainer dbContent =new DataModelContainer();
    //假设一页有 5 条数据,要查询第 3 页数据
    var pageData = (from u in dbContent.UserInfo
                    where u.Id>1
                    orderbyu.Id descending //不写 descending 默认为升序
                    select u)
                    .Skip(10)                //要跳过的记录条数
                     .Take(5);               //要取多少条记录


    foreach (var user in pageData)
    {
        Console.WriteLine(user.Id +"  " +user.Uname);
    }
    Console.ReadKey();
```

6. LINQ 查询部分列数据

```
DataModelContainer dbContent =new DataModelContainer();
    var data =from u in dbContent.UserInfo
              where u.Id>1
              //select u.UName//这种写法只能查询一列
              select new { u.Id, u.Uname, OrderCount =u.OrderInfo.Count };
    //new { u.Id, u.Uname, OrderCount =u.OrderInfo.Count }为匿名类,OrderCount 为
    //自己取的属性名,如 u.Uname 想更改属性名为 MyName,只要 MyName=u.Uname
    foreach (var user in data)
    {
        Console.WriteLine(user.Id +"  " +user.Uname +"  " +user.OrderCount);
    }
    Console.ReadKey();
```

6.7 Lambda 查询数据

1. Lambda 查询

```
DataModelContainer dbContent =new DataModelContainer();
//var data =dbContent.UserInfo.Where(u =>u.Id>5);
//返回值类型也为 IQueryable
IQueryable<UserInfo>  data =dbContent.UserInfo.Where(u =>u.Id>5);
foreach (var user in data)
{
    Console.WriteLine(user.Id +"  " +user.Uname);
}
Console.ReadKey();
```

2. Lambda 分页查询

```
DataModelContainer dbContent =new DataModelContainer();
```

```
//(1)按 Id 升序,下面是泛型写法。第 1 个参数为实体类型,第 2 个参数为字段类型,也可以不
采用
//泛型写法,直接用 OrderBy(u =>u.Id)。OrderBy<UserInfo, string>(u =>u.Uname)表示
//按 Uname 升序
//(2)降序的话,关键字为 OrderByDescending
//(3)假设一页有 5 条数据,要查询第 3 页数据
var pageData =dbContent.UserInfo.Where(u =>u.Id>1)
            .OrderBy<UserInfo, int>(u =>u.Id)
            .Skip(5 * (3 -1))//(4)要越过的记录数
            .Take(5);        //(5)取多少条记录

foreach (var user in pageData)
{
    Console.WriteLine(user.Id +"  " +user.Uname);
}
Console.ReadKey();
```

3. Lambda 查询部分列数据

```
DataModelContainer dbContent =new DataModelContainer();
var data =dbContent.UserInfo.Where(u =>u.Id>10)
        .Select(u =>new { u.Id, u.Uname, OrderCount =u.OrderInfo.Count });
foreach (var user in data)
{
    Console.WriteLine(user.Id +"  " +user.Uname +"  " +user.OrderCount);
}
Console.ReadKey();
```

小结

本章首先介绍 Entity Framework,然后讲解了如何通过实体数据模型生成数据库,这个过程非常重要,通过这个过程会生成 EF 上下文及连接数据库的字符串,最后讲解了 EF 对数据的增、删、改、查,其中查询相对比较复杂,要领悟各种查询的使用方法。

练习与实践

1. 简答题

(1) 谈谈你对 Entity Framework 的认识。

(2) 简述 EF 上下文对象的 SaveChanges()方法的作用。

(3) 谈谈你对延迟查询的理解。

2. 实践题

(1) 通过 Model First 方式创建数据库 DBStudent,包含数据表 student(学生)、department(系部),系部表与学生表是一对多的关系。

(2) 通过代码方式一次性向 student 表中添加 20 条记录,向 department 表中添加 5 条记录。

(3) 编写代码测试 EF 的增、删、改、查,包含增、删、改、查的各种情况。

下 篇

.NET Core 实战篇

第 7 章　ASP.NET Core MVC 项目基础框架创建与理解

上篇主要学习了.NET Framework。.NET Framework 开发的项目只能在微软的 Windows 操作系统上运行，不能在 Linux、macOS 等操作系统上运行，即不具备跨平台性。然而.NET Core 项目具有跨平台性，本篇将通过一个完整项目（成果上传系统 ResultUploadSystem）的设计与实现来贯穿学习.NET Core 技术。本章学习如何创建.NET Core MVC 项目基础框架及加深对基础框架的理解。

学习目标

（1）了解什么是 MVC 项目及 MVC 项目的请求过程。

（2）了解.NET Core 项目的优势。

（3）掌握 ASP.NET Core MVC 项目基础框架的搭建步骤。

（4）能初步理解 ASP.NET Core MVC 项目基础框架各个文件夹和文件的基本作用。

思政目标及设计建议

根据新时代软件工程师应该具备的基本素养，挖掘课程思政元素，有机融入教学中，本章思政目标及设计建议如表 7-1 所示。

表 7-1　第 7 章思政目标及设计建议

思 政 目 标	思政元素及融入
发扬学生不断学习、与时俱进的精神	.NET 发展历程；MVC 项目与 WebForm 项目的对比

7.1　MVC 相关知识简介

7.1.1　MVC 简介

1. MVC 的认识

ASP.NET 两种主流的 Web 开发方式是 ASP.NET WebForm 和 ASP.NET MVC，目前更流行的是 MVC 方式。

MVC 是软件开发时使用的一种框架，是 Web 应用程序的一种开发方式，它将 Web 应用程序的开发过程分为三个主要单元，即模型（Model，M）、视图（View，V）、控制器（Controller，C），它们的功能分别如下。

M 全称为 Model，是存储或处理数据的组件，主要用于实现业务逻辑层对实体类相应数据库进行操作。

V 全称为 View，是用户接口层组件，主要用于用户界面的呈现，包括输入和输出。

C 全称为 Controller，是处理用户交互的组件，主要负责转发请求。接收用户请求，对请求进行处理（调用业务逻辑层），并将数据从 Model 中获取并传给指定的 View。简单地说，控制器用于存储所有控制器类，控制器负责处理请求。

2. ASP.NET MVC 主要优点

ASP.NET MVC 项目更加简洁，更加接近原始的“请求—处理—响应”，MVC 是表示层的一种方式，具有松耦合、易于扩展和维护的特点，更适合大型项目和团队分工合作开发。

思考：MVC 属于三层架构吗？

7.1.2 MVC 请求过程

当用户在客户端发送一个 Request 请求后，请求会被传递给 Routing 路由并对请求的 URL 进行解析，然后找到对应的 Controller 中的 Action 方法并执行该 Action 方法中的代码。Action 方法执行完毕后将 ViewResult 视图结果返回给视图引擎处理，最后生成 Response 响应报文返回给客户端浏览器，如图 7-1 所示。

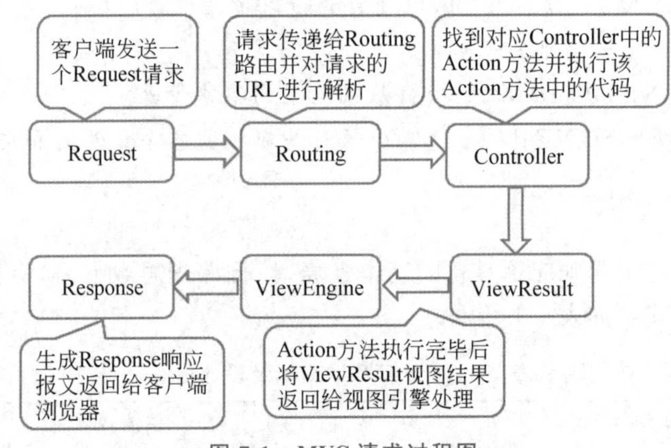

图 7-1 MVC 请求过程图

Action 就是一个方法，该方法用于处理请求并返回请求响应结果，该方法的返回值为 ActionResult 类型。控制器下返回值为 ActionResult 或 IActionResult 等的方法称为 Action。

7.1.3 Routing 介绍

Routing 是指用于识别 URL 的路由规则，当客户端发送请求时根据该规则来识别请求的数据，将请求传递给对应的 Controller 的 Action 方法执行。

在.NET Framework MVC 中，路由配置在文件 RouteConfig.cs 中，代码如下。

```
routes.MapRoute(
```

```
        name: "Default",
        url: "{controller}/{action}/{id}",
        defaults: new { controller = " AdminLogin", action = " Login", id =
UrlParameter.Optional }
        );
```

Routes 的 MapRoute()方法定义路由规则。其中，name 表示规则名称并且该值必须唯一，url 表示获取数据的规则，如请求的 url 是 localhost/home/index，则 home/index 对应了上述代码中的{controller}/{action}/{id}结构，所以识别出 controller 是 home，action 是 index，id 则为默认的空字符串。

在.NET Core MVC(.NET 6.0)中路由配置在 Program.cs 中，代码如下。

```
app.MapControllerRoute(
    name: "default",
    pattern: "{controller=Result}/{action=Index}/{id?}");
```

其中，name 表示规则名称并且该值必须唯一，pattern 值的含义为启动的控制器为 Result，action 为 index，传递参数 id 默认为空字符串。

7.2 .NET Core 简介

7.2.1 .NET 发展历程

.NET 的发展历程主要如下。

(1) 2010 年之前的 PC 时代，互联网规模还不是特别庞大，Java 和.NET 没有太大区别，.NET 以 Windows 自居。

(2) 2010 年，以 Java 为代表的 Hadoop 大数据兴起后，微软跟进失败，曾经也实现了一套 API，但后来还是放弃维护了。

(3) 2012 年，移动互联网兴起，.NET 也跟进失败。微软曾发布过 WP(Windows Phone)，但市场占有率太低，就放弃了。

(4) 2014—2015 年，微服务时代来临，以 GO 为代表的 Docker 技术、Python 为代表的 Devops、Java 为代表的 Spring Cloud 技术兴起，微服务造就了多语言的盛行，微软还想维持 Windows 平台占有率，不想改变。

(5) 2014 年，微软云计算事业部副总裁萨提亚・纳德拉出任微软 CEO，改变了微软企业文化，开始开源、拥抱 Linux。

(6) 2015 年，微软对.NET 平台进行了重新架构。

(7) 2016 年 6 月 27 日，.NET Core 1.0 项目发布，彻底改变了 Windows Only 的场景，开始拥抱开源。但这个版本并不稳定。

之后发展很快，发布的版本有.NET Core 1.1(2016 年 11 月)，.NET Core 2.0(2017 年 8 月)，.NET Core 2.1(2018 年 5 月)，.NET Core 2.2(2018 年 12 月)，.NET Core 3.0(2019 年 9 月)，.NET Core 3.1(2020 年 3 月)。

(8) 2020 年 11 月，微软发布了.NET 5 的第一个正式版，将所有的.NET 运行时统一为一个.NET 平台，并为所有应用程序模型（如 .NET Core、Windows Forms、WPF、UWP、Xamarin、Blazor）提供统一的基类库。也就是说，.NET 5 是.NET Core 3.1 之后的.NET Core 版本。

(9) 2021 年 11 月，微软发布了.NET 6，对应于 Visual Studio 2022。

(10) 2022 年 11 月，微软发布了.NET 7，对应于 Visual Studio 2022。

7.2.2 .NET Core 项目优势

(1) 开源、跨平台。.NET Core 是开放源代码通用开发平台，由 Microsoft 和 .NET 社区在 GitHub 上共同维护。它跨平台（支持 Windows、macOS 和 Linux），用于构建 Web 应用、IoT 应用和移动后端应用。

(2) 性能优越。根据.NET Core 团队给出来的性能测试数据来看，ASP.NET Core (.NET Core)相比原来的 Web(.NET Framework 4.6)程序性能提升了 2300%。

(3) 内置依赖注入。

(4) 轻量级和模块化的 HTTP 请求管道（中间件）。

(5) 能够在 IIS 上运行或在自宿主的进程中运行。

没有.NET Core 之前，假如要发布的服务器是 Linux 操作系统，就没法用.NET Framework 框架去开发了，而现在选用.NET Core 框架开发就没有问题。

7.3 ASP.NET Core MVC 项目基础框架搭建

7.3.1 搭建基本步骤

(1) 启动 Visual Studio 2022 后，进入如图 7-2 所示界面。

图 7-2 Visual Studio 2022

（2）在图 7-2 中单击“创建新项目”按钮，进入如图 7-3 所示“创建新项目”界面，在此可以根据需要筛选项目模板，这里选择“ASP.NET Core Web 应用(模型-视图-控制器)”。

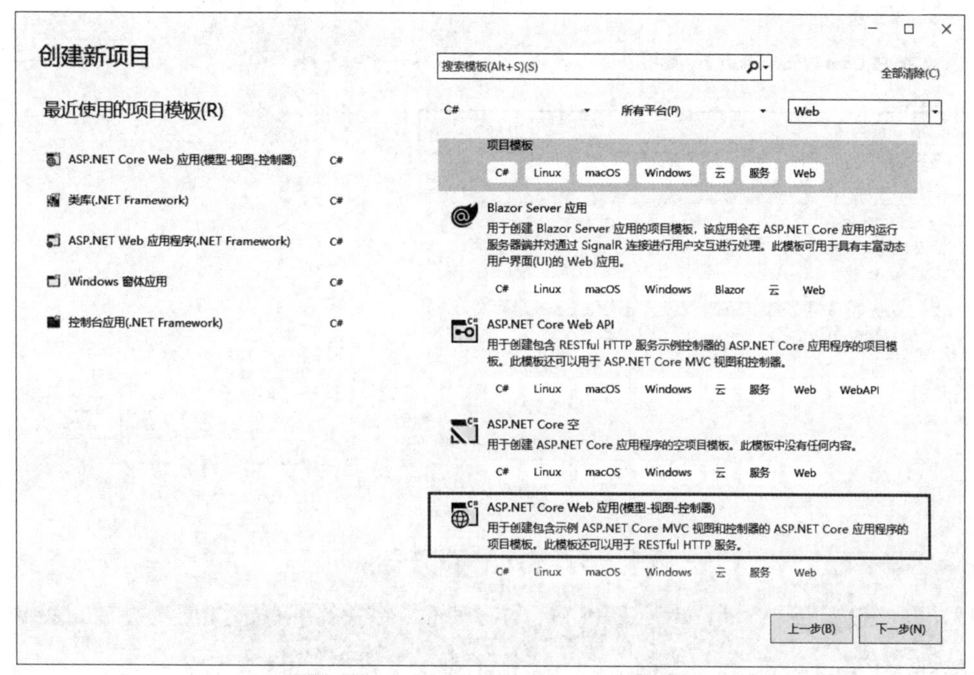

图 7-3　“创建新项目”界面

（3）在图 7-3 中单击“下一步”按钮，进入“配置新项目”界面，如图 7-4 所示。输入项目名称、存储位置和解决方案名称，然后单击“下一步”按钮。

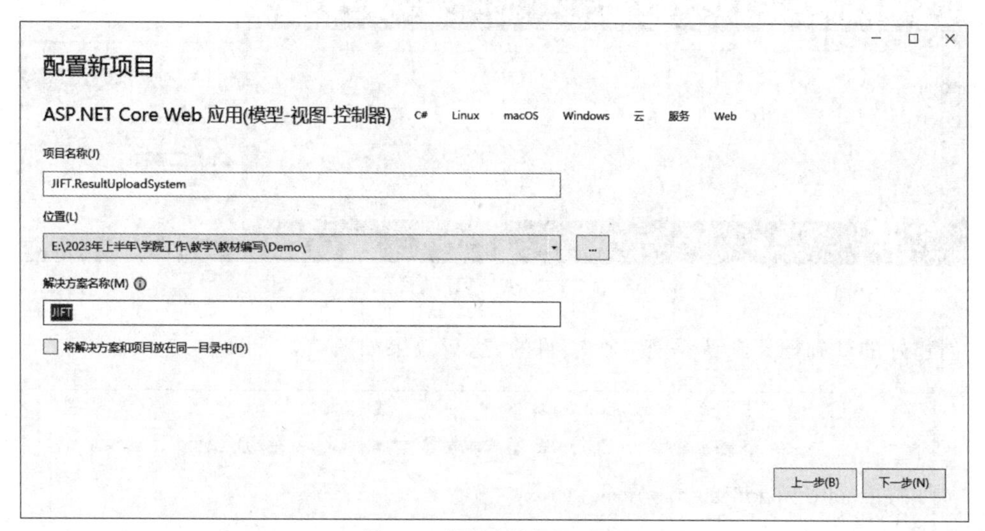

图 7-4　“配置新项目”界面

说明：项目名称一般规范为企业/单位域名.项目名称。

（4）进入如图 7-5 所示界面，设置其他信息，这里框架选择“.NET 6.0(长期支持)”，身份验证类型选择默认的“无”，最后单击“创建”按钮，稍等一会儿项目基础框架就创建好了，如图 7-6 所示。

其他信息

ASP.NET Core Web 应用(模型-视图-控制器)　C#　Linux　macOS　Windows　云　服务　Web

框架(F)

.NET 6.0 (长期支持)

身份验证类型(A)

无

配置 HTTPS(H)

启用 Docker(E)

Docker OS(O)

Linux

不使用顶级语句(T)

上一步(B)　创建(C)

图 7-5　其他信息设置界面

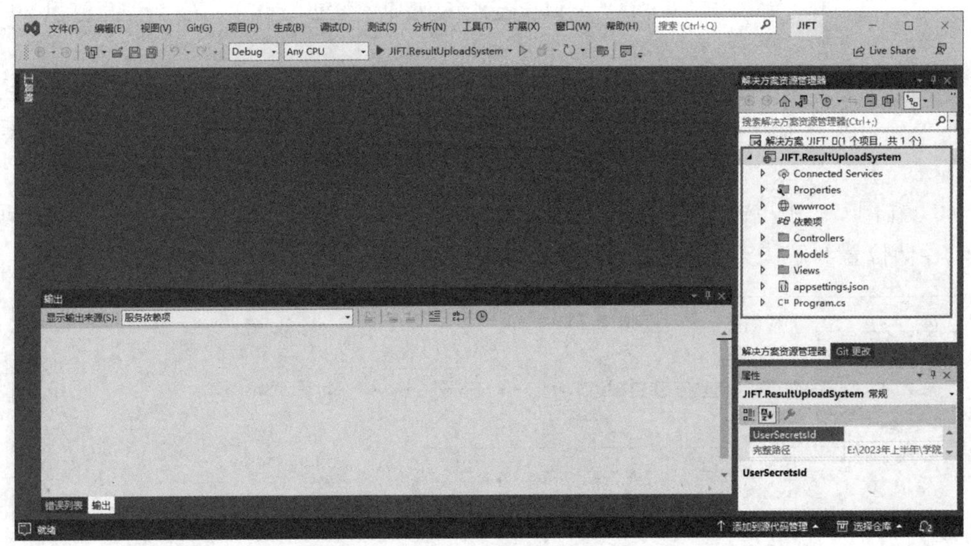

图 7-6　ASP.NET Core MVC 项目基础框架界面

创建好的基础框架默认是有一个项目的,运行效果如图 7-7 所示。

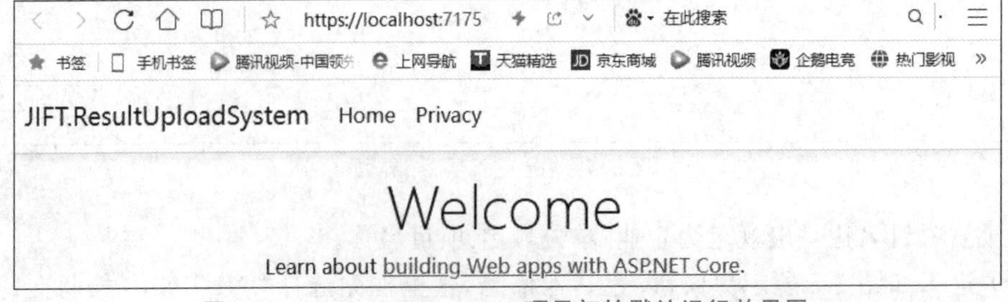

图 7-7　ASP.NET Core MVC 项目初始默认运行效果图

7.3.2　ASP.NET Core MVC 项目基础框架的认识

ASP.NET Core MVC 项目基础框架如图 7-6 右侧框住内容所示，展开之后如图 7-8 所示。下面分别说明。

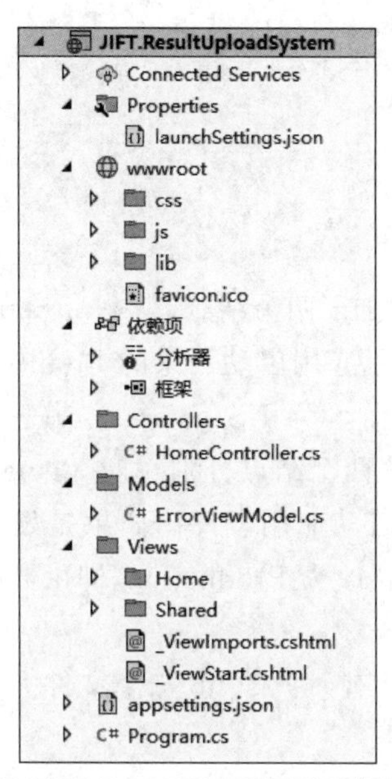

图 7-8　ASP.NET Core MVC 项目基础框架展开效果

1. Properties

在项目的 Properties 文件夹中有一个 launchSettings.json 文件，它是 ASP.NET Core 应用特有的配置标准，用于应用的启动准备工作，包括环境变量、开发端口等。此文件设置了 Visual Studio 可以启动的不同环境，以下是示例项目中 launchSettings.json 文件生成的默认代码。

```
{
  "iisSettings": {
    "windowsAuthentication": false,
    "anonymousAuthentication": true,
    "iisExpress": {
      "applicationUrl": "http://localhost:5796",
      "sslPort": 44303
    }
  },
  "profiles": {
    "JIFT.ResultUploadSystem": {
      "commandName": "Project",
      "dotnetRunMessages": true,
      "launchBrowser": true,
      "applicationUrl": "https://localhost:7175;http://localhost:5094",
      "environmentVariables": {
        "ASPNETCORE_ENVIRONMENT": "Development"
```

```
      }
    },
    "IIS Express": {
      "commandName": "IISExpress",
      "launchBrowser": true,
      "environmentVariables": {
        "ASPNETCORE_ENVIRONMENT": "Development"
      }
    }
  }
}
```

可以看出，该配置文件默认添加了两个结点，其中，iisSettings 用于设置 IIS 相关的选项，而 profiles 结点定义了一系列用于表示应用启动场景的 Profile。初始的 launchSettings.json 文件会默认创建两个 Profile，一个被命名为 IIS Express，另一个则使用当前项目名称来命名（JIFT.ResultUploadSystem）。这两个结点分别对应 Visual Stuido 的“开始调试”按钮的下拉选项，可以选择对应的选项来启动应用程序。如果是发布项目，则要把 ASPNETCORE_ENVIRONMENT 由 Development 改为 Production，即由开发环境改为生产环境。

2. wwwroot

存放一些静态资源文件，默认有 css、js、lib 三个文件夹，分别存放了相关内容。在.NET Framework 下默认没有此文件夹。

3. 依赖项

依赖项对应于.NET Framework 项目下的引用。但是.NET Core 项目的第三方依赖都是通过 NuGet 包来引用的，体现出更加模块化。需要引用第三方包，可以右击项目，然后选择管理 NuGet 程序包，在弹出的窗口中搜索相应的包并安装。

4. Controllers

与.NET Framework MVC 基本一样。不过.NET Core MVC 的控制器下的 Action 默认返回的基本是接口类型 IActionResult。而.NET Framework MVC 下的控制器默认返回的基本是 ActionResult。

返回值为 IActionResult 相比返回值为 ActionResult 的优势是增加了返回值的灵活性，只要是实现了该接口的对象都可以。

5. Views

与.NET Framework MVC 相比多一个_ViewImports.cshtml 文件，作用是导入一些公共的引用。

6. appsettings.json

配置文件，与.NET Framework Web 项目的 web.config 一样。只不过.NET Core 下采用 JSON 数据格式。读取配置文件的方式有点不一样，如获取 web.config 数据库连接字符串的方式类似如下。

```
string constr=ConfigurationManager.ConnectionString["constr"].
ConnectionString;
```

JSON 格式配置文件里的信息如何获取，将在本书后续实例讲解。

7. Models

存放实体类，与.NET Framework 基本一样，只不过.NET Core 下有一个默认的类 ErrorViewModel。

8. Program.cs 文件

在.NET Framework MVC 项目下是没有的，有这个文件实际上表示是一个控制台项目，也即表明.NET Core MVC 项目本质是一个控制台项目。路由配置、服务和中间件的注入都在 Program.cs 文件中进行。

与早期版本的.NET Framework MVC 项目对比，最显著的变化之一就是配置应用程序的方式，Global.asax、FilterConfig.cs 和 RouteConfig.cs 都消失了，取而代之的是 Program.cs。

小结

本章主要介绍了什么是 MVC、MVC 项目请求过程、Routing 路由、.NET 发展历程、.NET Core 项目的优势、ASP.NET Core MVC 项目基础框架的搭建及认识等。

练习与实践

1. 简答题

（1）阐述 MVC 项目的请求过程。

（2）简述.NET Core 项目的优势。

2. 实践题

搭建 ASP.NET Core MVC 项目基础框架并运行查看运行后的效果、验证理解 MVC 项目的请求过程。

第8章　.NET Core 核心概念与应用

第7章搭建了 ASP.NET Core MVC 项目基础框架，为了后面更好地理解与设计 ASP.NET Core MVC 项目，本章先来学习.NET Core 的核心概念。

学习目标

(1) 理解什么是依赖注入。

(2) 能初步应用依赖注入。

(3) 理解什么是中间件。

(4) 能初步应用中间件。

(5) 能初步应用配置文件。

思政目标及设计建议

根据新时代软件工程师应该具备的基本素养，挖掘课程思政元素，有机融入教学中，本章思政目标及设计建议如表8-1所示。

表8-1　第8章思政目标及设计建议

思政目标	思政元素及融入
培养学生团队协作精神	通过依赖注入的理解与应用融入团队协作的重要性；通过中间件的理解融入团队协作既要讲究合作还要讲究分工

8.1　依赖注入的理解与应用

8.1.1　为什么要用依赖注入

什么是依赖注入(Dependency Injection，DI)？为什么要使用呢？简单地说，就是一个类需要另一个类来协助工作，就产生了依赖，所以需要的依赖项就要通过“注入”一起来协同完成工作。

软件设计原则中有一个依赖倒置原则(Dependence Inversion Principle，DIP)讲的是要依赖于抽象，不要依赖于具体，高层模块不应该依赖于低层模块，二者应该依赖于抽象。简单地说就是为了更好地解耦。控制反转(Inversion of Control，IoC)的目的就是解耦，而依赖注入就是实现控制反转的手段。

举个例子：老李是个维修工，现在要出任务去维修，得先去申领个扳手，如图 8-1 所示。

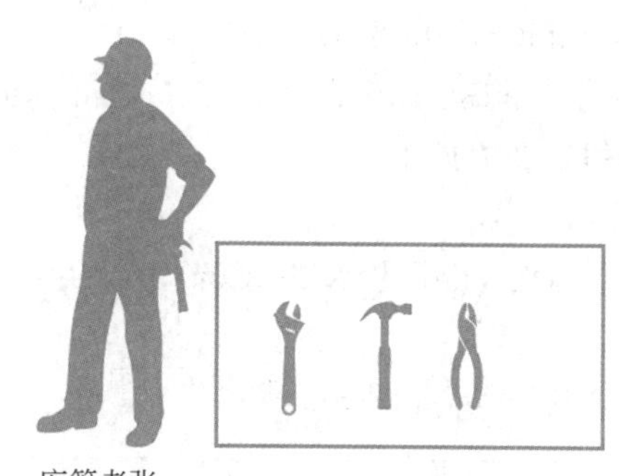

图 8-1 依赖注入趣味理解图

老李："请给我一把可以拧 7mm 大小的六角螺丝的扳手"，然后库管老张就从仓库里拿了一把大力牌扳手给老李。

在这个例子中，维修工老李只要告诉库管我要一个"可以拧 7mm 大小的六角螺丝的扳手"即可，他不用关心扳手的品牌和样式，也不用采购扳手，更不用关心这个扳手是怎么来的。而对于库管老张，他只需提供满足这样规则的一个扳手即可，不用去关心老李拿着这个扳手之后去干什么。所以老李和老张都只是关心"可以拧 7mm 大小的六角螺丝"这个规则即可。也就是说，如果后期仓库里不再提供大力牌扳手，而是提供了大牛牌扳手，实际上无论换了什么牌子和样式，只要仍满足这个规则，老李就可以正常工作。它们定义了一个规则(如接口 IWrench7mm，二者都依赖于这个规则，然后仓库无论是提供大力牌(WrenchDaLi：IWrench7mm)还是大牛牌(WrenchDaNiu：IWrench7mm)，都不影响正常工作。

这就是依赖倒置原则。不依赖于具体(牌子)，高层模块(老李)不应该依赖于低层模块(大力牌扳手)，二者应该依赖于抽象(IWrench7mm：可以拧 7mm 大小的六角螺丝)。如果直接由老李去获取(new)大力牌扳手，那么当业务改变要求采用大牛牌时，就要去修改老李的代码。为了解耦，在本例中只要在配置中让仓库由原来提供大力牌改为提供大牛牌即可。老李要使用时，可以通过注入(构造器、属性、方法)的方式，将仓库中的扳手实例提供给老李使用。

8.1.2 依赖注入理解

引入依赖注入的目的是解耦。通俗地说就是面向接口编程，通过调用接口的方法，而不直接实例化对象去调用。

这样做的好处就是如果添加了另一个实现类，不需要修改之前的代码，只需要修改注入的地方将实现类替换。上面说的通过接口调用方法，实际上还是需要去实例化接口的实现类，只不过不需要手动 new 构造实现类，而是交给如微软的 DI、Autofac 这些工具去构建实现类。只需要写明，某个类是某个接口的实现类，当用到时，工具(如微软的 DI)会自动通过构造函数实例化类。

8.1.3 依赖的服务如何注入

在.NET 6.0 中没有 Startup.cs 文件，依赖服务都是在 Program.cs 文件中注入，通过创建的 builder 对象调用 Services 属性，即 builder.Services。如系统默认已经添加了一个服务(builder.Services.AddControllersWithViews())，Services 为服务集合 IServiceCollection 对象，这种对象提供了 AddSingleton、AddScoped 和 AddTransient 三种方法来添加服务，三种方法添加的服务的生命周期不一样。

实例演示：

添加一个名为 DIDemo 的.NET Core MVC 项目，在该项目下创建一个服务文件夹(Servers)。

(1) 定义接口 ICount，如图 8-2 所示。

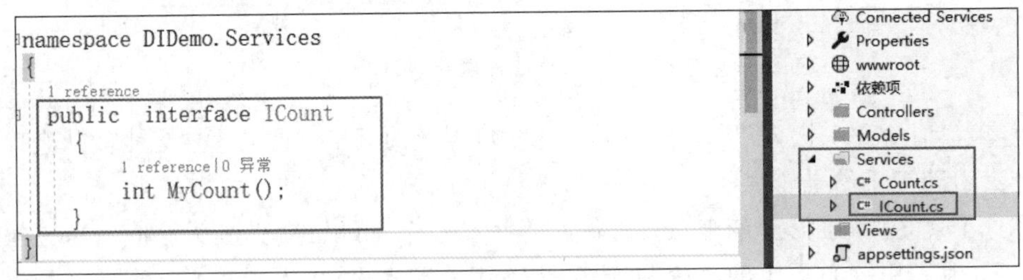

图 8-2 定义接口 ICount

(2) 创建接口实现类 Count，如图 8-3 所示。

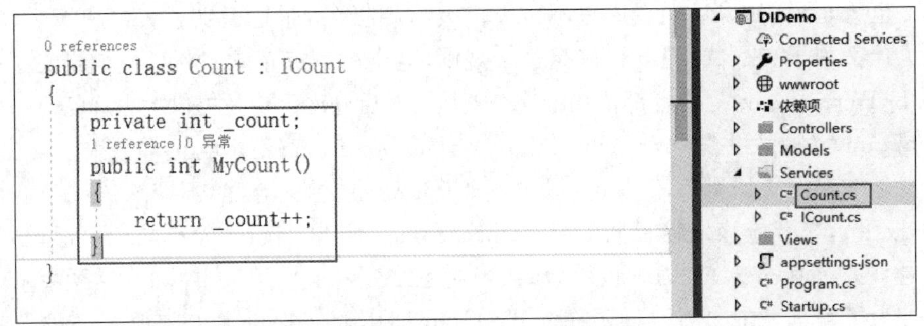

图 8-3 定义实现类 Count

至此，Count 类(服务)有了，那么如何能让这个 Count 类(服务)为项目服务呢？即如何使用这个 Count 类(服务)？

(3) 注入服务。在 Program.cs 文件中注入，通过创建的 builder 对象调用 Services 属性注入服务。

具体如何注入服务呢？有以下三种方法可以选择，三种创建方法创建的实例生命周期不一样。

① Transient：瞬态模式，每一次访问都会创建一个新的实例。

② Scoped：域模式，在一个请求域内只产生一个实例对象，可以理解为每一个 Request 请求只创建一个实例，一个 HttpRequest 属于同一个域内。对象在一次请求中是相同的，但在不同请求中是不同的。

③ Singleton：单例模式，整个应用程序生命周期以内只创建一个实例。

此外，常用注入方式有以下三种。

① 以接口形式暴露服务。

② 以实现形式暴露服务。

③ 通过需要传参的构造函数的类注入。

下面以 AddScopend()方法阐述常用的三种注入方式。

```
//1.最常用的注入方式,以接口形式暴露服务。下面两种写法意思一样,后面是泛型版本,写法简
//洁些
//1.1 AddScopend 后面是(),里面的接口和实现类必须套一层 typeof,通过它获取类型
builder.Services.AddScoped(typeof(ICount), typeof(Count));
//1.2 AddScopend 后面是<>,即泛型版本写法。里面就直接写接口和实现类,当然最后有一个()
builder.Services.AddScoped<ICount, Count>();
//2.以实现形式暴露服务,后面只写实现类即可。下面两种写法意思一样
builder.Services.AddScoped(typeof(Count));
builder.Services.AddScoped<Count>();
//3.需要传参的构造函数的类注入(下面代码先注释掉,因为当前实现类 Count 没有需要参数
//的构造方法)
//builder.Services.AddScoped(typeof(ICount), sp =>{ return new Count(参数); });
//builder.Services.AddScoped<ICount>(sp =>{ return new Count(参数);});
```

Transient(瞬态模式)、Singleton(单例模式)的三种注入方式同上。

(4) 接下来主要分析演示瞬态模式和单例模式注入方法的区别。

第 1 种：瞬态模式,每一次访问都会创建一个新的实例。上面写的代码全部删除或注释。写入下面的代码。

```
//第 1 种:瞬态模式,每一次访问都会创建一个新的实例
builder.Services.AddTransient<ICount, Count>();
```

服务注入之后,就可以使用它。切换到控制器。那么怎么把服务实例注入控制器中呢?有属性注入、构造方法注入、方法注入三种方法。这里一般会用构造方法注入。

```
public class HomeController : Controller
    {
        private ICount _count;//方便本类其他方法的调用,所以定义一个私有字段来接收
        public HomeController(ICount count)//通过构造方法注入实例,ASP.NET Core 内
                                           //置了依赖注入容器
        {
            _count =count;
        }
```

说明：请求到 Home 控制器,自然调用 Home 控制器的构造方法,构造方法中需要一个 ICount 类型的对象,它是怎么来的呢？这就是因为.NET Core 内置了依赖注入容器,这个时候就会到 Program.cs 文件中去找相应的依赖,而在那里告诉了 ICount 由 Count 来实现(builder.Services.AddTransient<ICount，Count>();),所以这时会去调用 Count 的构造方法实例化 Count 对象。

接下来就可以在控制器中使用_count,代码如下。

```
public IActionResult Index()
        {
            int c =_count.MyCount();
            ViewBag.count =c;
```

```
            return View();
        }
```

前端展示页面 Index.cshtml 中添加 ViewBag.count 变量，前面需要添加一个@符号，如图 8-4 所示。

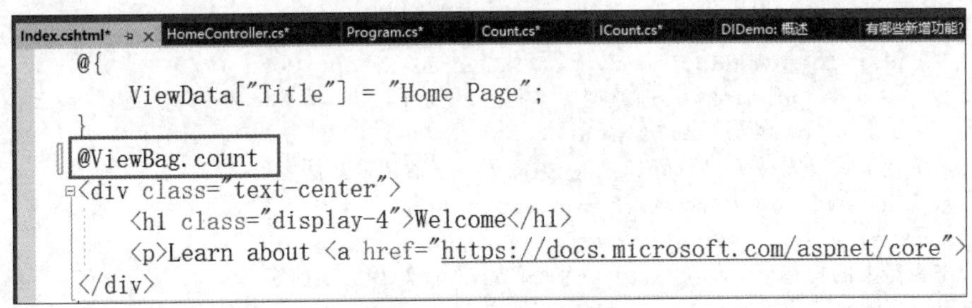

图 8-4 修改前端页面

运行测试效果(启动的要是 DIDemo 项目)，不断刷新页面也总是 0，如图 8-5 所示。因为瞬态模式注入的服务，每一次访问都会创建一个新的实例。

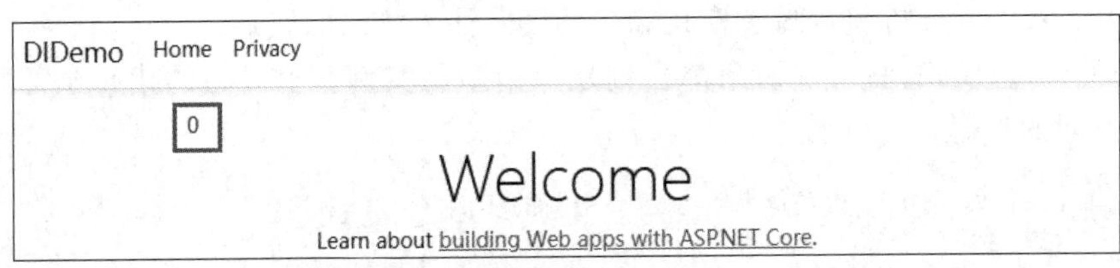

图 8-5 瞬态模式注入服务效果

把瞬态模式注入代码改为单例模式注入代码。

```
//第 2 种:单例模式,整个应用程序生命周期以内只创建一个实例
builder.Services.AddSingleton<ICount, Count>();
```

运行效果，不断刷新页面不断增加 1，刷新 6 次结果如图 8-6 所示。

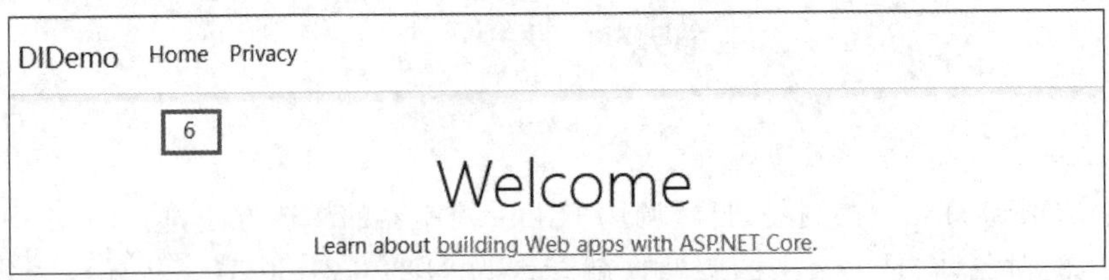

图 8-6 单例模式注入服务效果

8.1.4 如何在视图中直接使用依赖注入

在视图中可以通过@inject 直接注入实例对象。例如，在 index.cshtml 中增加以下代码，如图 8-7 所示。

```
@inject DIDemo.Servers.ICount count
@{
```

```
    int c =count.MyCount();
}
@c
```

```
Index.cshtml  HomeController.cs  Program.cs  Count.cs  ICount.cs  Program.cs  ErrorViewModel.cs
@{
    ViewData["Title"] = "Home Page";
}
@ViewBag.count
@inject DIDemo.Servers.ICount count
@{
    int c = count.MyCount();
}
@c
<div class="text-center">
    <h1 class="display-4">Welcome</h1>
    <p>Learn about <a href="https://docs.microsoft.com/aspnet/core">
</div>
```

图 8-7　在视图中直接注入依赖

运行测试,开始结果为 0 1,这是因为在控制器中生成的实例中已经得到 0,而视图中的实例还是通过控制器注入时生成的那个实例,所以这个时候再调用 MyCount(),即执行_count++,即在原来基础上加 1,所以结果为 1。再刷新执行一次,结果就为 2 3。

如果在 Program.cs 文件中是以瞬态模式注入,那么都是 0,不断刷新也还都是 0。

8.2　中间件的理解与初步应用

8.2.1　中间件概念通俗理解

一个 Web 应用程序都是把 HTTP 请求封装成一个管道,一般来说,每一次的请求都要先经过管道的一系列操作,最终到达主程序(实现逻辑功能的代码)中。一个中间件就是在应用程序管道中的一个组件。用来拦截请求过程,使其暂停,先进行一些其他处理和响应(如验证用户身份是否合法、程序中是否有异常等)。中间件可以有很多个,每一个中间件都可以对管道中的请求进行拦截,它可以决定是否将请求转移给下一个中间件。简言之,中间件是用于组成应用程序管道中用来处理请求和响应的组件。与过滤器类似(在执行 Action 之前先执行其他代码,在执行 Action 之后再执行其他代码),都属于 AOP(面向切面编程)应用。

在 ASP.NET Core 中,针对 HTTP 请求采用 pipeline(管道)方式来处理,而管道容器内可以挂载很多中间件(处理逻辑)“串联”来处理 HTTP 请求,每一个中间件都有权决定是否需要执行下一个中间件,或者直接做出响应。这样的机制使得 HTTP 请求能够很好地被层层处理和控制,并且层次清晰,处理起来方便。

那么,何时使用中间件呢?一般是在应用程序当中和业务关系不大的一些需要在管道中做的事情可以使用中间件,如身份验证、Session 存储、日志记录等。

微软官方提供的一个中间件管道请求图如图 8-8 所示。

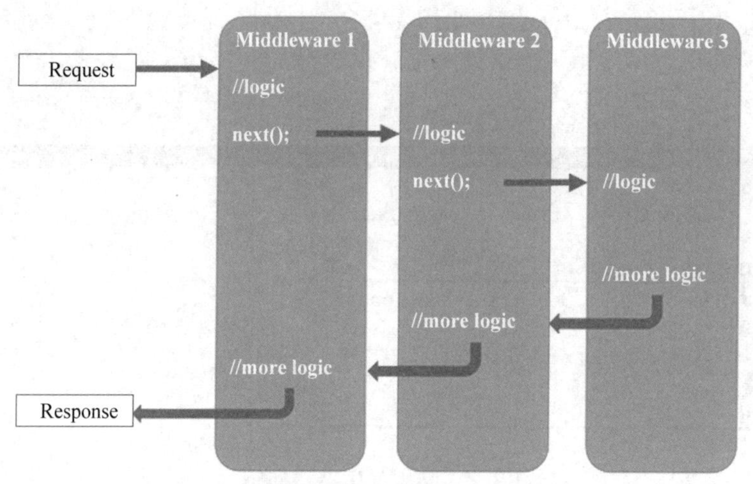

图 8-8 中间件管道请求图

从图 8-8 中可以看出，除最后一个中间件外，每个中间件包含三部分：一是进入时处理逻辑；二是调用 next()方法进入下一个中间件；三是退出中间件的处理逻辑。

最后一个中间件不将请求传递给下一个中间件，这就是请求管道短路。

8.2.2 自定义中间件

每个中间件在构建后就是一个 RequestDelegate 委托对象，即中间件本质上是一个委托对象。

实例：在当前解决方案下创建一个.NET Core MVC 项目，命名为 MiddlewareDemo，然后在其中创建一个文件夹 Middlewares，再在其中创建 MyMiddleware 类。

```
public class MyMiddleware
    {
        //private IConfiguration _configuration;
        //第一步
        private RequestDelegate _next;
        //加一个构造方法。构造方法第一个参数必须是 RequestDelegate 类型,表示为中间
        //件类型,即表示为下一个中间件。定义中间件时必须包含对下一个中间件的引用
        public MyMiddleware(RequestDelegate next)
        {
            _next =next;//通过私有字段去接收下一个中间件的引用,因为在其他地方需要用
                        //这个下一个中间件 next。这一步是关键,必须有,这个实现把中间
                        //件串联起来
        }
        //第二步:增加 Task InvokeAsync(HttpContext context)方法(异步方法,异步编程
        //在后面章节有详细讲解),方法名称固定为 InvokeAsync,返回值为 Task
        public async Task InvokeAsync(HttpContext context)
        {
            await context.Response.WriteAsync("test");
                //将中间件传递给下一个
            await _next.Invoke(context);
        }
    }
```

至此，中间件就有了，中间件所做的事情就是输出 test。下面就是如何使用中间件了。

接下来，需要在 Program.cs 文件中注入启用中间件。使用 UseMiddleware()方法注册，注册位置不同，运行结果可能不同，一般放在 app.UseStaticFiles()之后。

```
app.UseHttpsRedirection();
app.UseStaticFiles();
//注入中间件
app.UseMiddleware<MyMiddleware>();
app.UseRouting();
```

注意：中间件管道在应用程序启动时构建。

运行测试，发现页面中输出了 test，这就是自己定义中间件带来的结果。

此外，还可以使用 Run、Map 和 Use 扩展方法来注册启用中间件。

app.Use()：Use()不会主动短路整个 HTTP 管道，但是也不会主动调用下一个中间件，必须自行调用 await next.Invoke()；如果不使用这个方法去调用下一个中间件，那么 Use()此时的效果其实和 Run()是相同的。

app.Run()：是一个扩展方法，它需要一个 RequestDelegate 委托，里面包含 HTTP 的上下文信息，没有 next 参数，因为它总是在管道最后一步执行。Run()方法可以使管道短路，顾名思义，就是终结管道向下执行，不会调用 next()委托，所以 Run()方法最好放在管道的最后来执行。

app.Map()：也是一个扩展方法，类似于 MVC 的路由，用途一般是一些特殊请求路径的处理。Map()可以根据提供的 URL 来路由中间件。

说明：

(1) 如果中间件的逻辑比较简单，可以不去创建一个中间件类，直接在 Program.cs 中用 app.Use(Func<HttpContext, Func<Task>, Task> middleware)格式写，如前面的中间件可直接如下这样写。

```
//注入中间件
app.UseMiddleware<MyMiddleware>();
//直接注入中间件
app.Use(async (context, next) =>
{
    await context.Response.WriteAsync("abc");
    await next.Invoke();
});
```

运行测试，会在页面中输出 testabc，因为有两个中间件的注入，一个是先创建中间件的类，然后通过 app.UseMiddleware 注入，一个是直接在 Program.cs 中用 app.Use 注入。

(2) 终点中间件——Run()方法。

整个中间件流水线的最后一个中间件，使用 app.Run 注册，代码如下。

```
app.Run(context =>
        {
```

```
            return Task.CompletedTask;//任务结束
        });
```

假设上面的代码放在紧挨 app.UseMiddleware<MyMiddleware>()下面，那么运行完 MyMiddleware 中间件后就会终止往下传。所以运行结果只会输出 test，abc 输出不了。

(3) 分支中间件——Map()方法。

根据决策逻辑确定后续执行路线，分支后不能再合并。

```
//假设 app 端的请求均以 api 开头。下面的意思就表示请求是以 api 开头的就会进入
//MyMiddleware 中间件，后续的中间件就不会执行。.Map()方法以路径作为决策
            app.Map("/api", builder =>{
                builder.UseMiddleware<MyMiddleware>();
            });
```

运行测试，在默认地址后加入"/api"就会调用 MyMiddleware 中间件，从而显示 test，如图 8-9 所示。

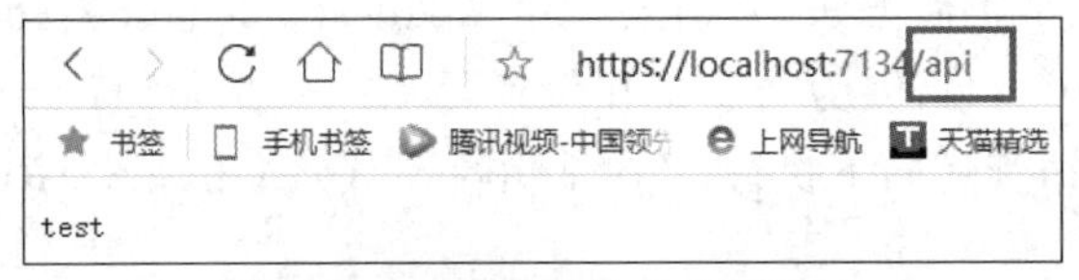

图 8-9 app.Map()方法应用测试

其实 ASP.NET Core 项目中本身已经包含很多个中间件。

如果想添加使用更多的中间件，通过 NuGet 包管理器引用安装 Microsoft.AspNetCore.Diagnostics，如图 8-10 所示。

图 8-10 安装 Microsoft.AspNetCore.Diagnostics 包

在 Program.cs 文件中添加中间件 app.UseWelcomePage，即如下代码。

```
app.UseStaticFiles();
app.UseWelcomePage();
```

运行效果如图 8-11 所示，即先会弹出一个欢迎界面。

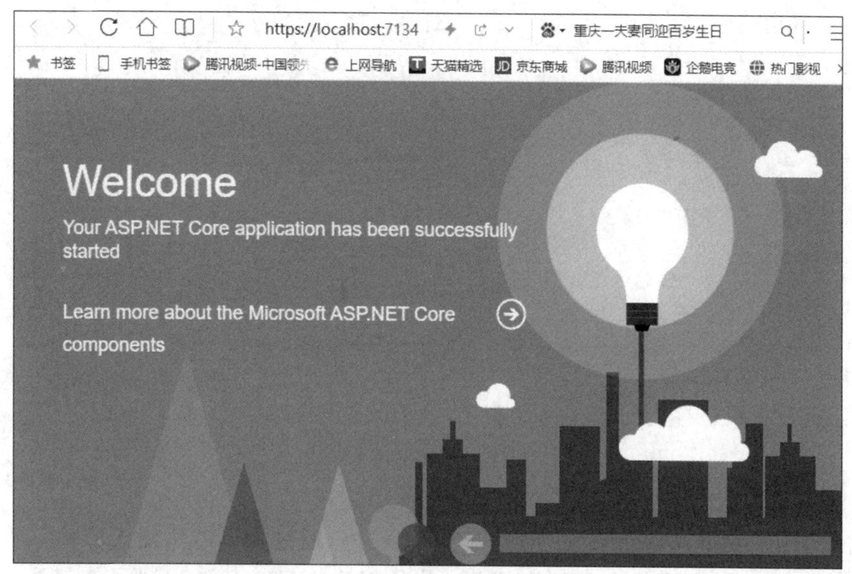

图 8-11 内置中间件运行效果

8.3 配置文件的使用

一个项目的配置可以写在文件、内存或数据库等里面。ASP.NET Core MVC 项目默认配置文件为 appsettings.json，这是 JSON 格式数据，也可以是 INI 和 XML 格式数据的配置文件，那么如何读取配置文件中的数据呢？

下面建立一个 ASP.NET Core MVC 项目（项目名称为 AppingSettingReadDemo）来演示如何读取配置文件中的数据。

1. 如何添加配置信息

在原有的 appsettings.json 文件中添加配置信息，有以下三种写法。

(1) 键-值对格式。

(2) 键-对象格式。

(3) 键-数组格式。

```
,
"option1": "value1",                //最简单键-值对格式
"option2": {                        //复杂的键-值对格式
     "suboption2": {
         "subkey1": "subvalue1",
         "subkey2": "subvalue2"
     }
  },  "database": {                 //键-对象格式
    "Server": "IP 地址:port",
    "Name": "DBTest",
    "UId": "sa",
    "Password": "123456"
  },
```

```
  "students": [                          //键-数组格式
    {
      "Name": "张三",
      "Age": "20"
    },
    {
      "Name": "李四",
      "Age": "21"
    }
  ]
```

2. 如何读取配置信息

IConfiguration 是有关配置文件最底层的一个内置接口类型，要获取配置信息就要通过这个类型对象。

(1) 弱类型读取方式。

如何获取 IConfiguration 对象呢？——依赖注入，通过构造方法注入依赖。

通过构造方法怎么就能注入对象呢？这就是因为.NET Core 内置了依赖注入，只需要告诉 configuration 为 IConfiguration 类型，那么.NET Core 内置 DI 就会自动去调用 IConfiguration 实现类的构造方法生成实例对象 configuration。

然后通过 IConfigurationObject[key]方式读取配置文件对应 key 的值。

DI 负责实例化应用程序中的对象及建立这些对象之间的依赖；维护对象之间的生命周期。

切换到 HomeController，编写测试代码及含义如下。

```
private IConfiguration Configuration;
        //通过构造函数注入 Configuration 对象
        public HomeController(IConfiguration configuration)
        {
            Configuration =configuration;
        }
        public IActionResult Index()
        {
            //读取键为 option1 的值
            string str1 =Configuration["option1"];
            //读取键为 database,属性为 Name 的值
            string str2 =Configuration["database:Name"];
            //读取键为 option2 下键为 suboption2 下键为 subkey2 的值
        string str3 =Configuration["option2:suboption2:subkey2"];
            string str4Name =Configuration["students:0:Name"];//读取数组,此处 0
                                                            //表示数组的第 1 项
            string str4Age =Configuration["students:0:Age"];
            string str5Name =Configuration["students:1:Name"];//读取数组,此处 1
                                                            //表示数组的第 2 项
            ViewBag.Value1 =str1;
            ViewBag.Value2 =str2;
            ViewBag.Value3 =str3;
            ViewBag.Name1 =str4Name;
```

```
            ViewBag.Age1 =str4Age;
            ViewBag.Name2 =str5Name;
            return View();
        }
```

前端 Index.cshtml 文件增加下面斜体代码。

```
@{
    ViewData["Title"] ="Home Page";
}
@ViewBag.Value1
@ViewBag.Value2
@ViewBag.Value3
@ViewBag.Name1
@ViewBag.Age1
@ViewBag.Name2
<div class="text-center">
    <h1 class="display-4">Welcome</h1>
    <p>Learn about <a href="https://docs.microsoft.com/aspnet/core">building
Web apps with ASP.NET Core</a>.</p>
</div>
```

运行效果如图 8-12 所示，从图 8-12 中可以看出都正确地获取到了相应键的值。

图 8-12 读取配置文件信息测试效果

如果输出中文出现乱码，解决方案是把配置文件 appsettings.json 重新以 UTF-8 编码保存。具体操作如下。

选择 appsettings.json 文件，然后单击“文件”菜单选择“appsettings 另存为”命令，弹出对话框，选择“编码保存”，如图 8-13 所示，弹出对话框，选择 UTF-8 编码，如图 8-14 所示。单击“确定”按钮保存即可。

(2) 强类型配置。

假设要获取前面 database 节的配置信息。

第一步：创建配置映射类(先新建一个 Configs 文件夹)，然后创建一个类，如 Database.cs，定义类中的属性与配置节的 key 对应，如图 8-15 所示。

第二步：注入服务(Database.cs 类)。在 Program.cs 中把 Database 类与配置文件中的 databse 配置节建立关联。

```
…
//把配置文件中的 database 配置节映射到 Database 类
builder.Services.Configure<Database>(builder.Configuration.GetSection("database"));
…
```

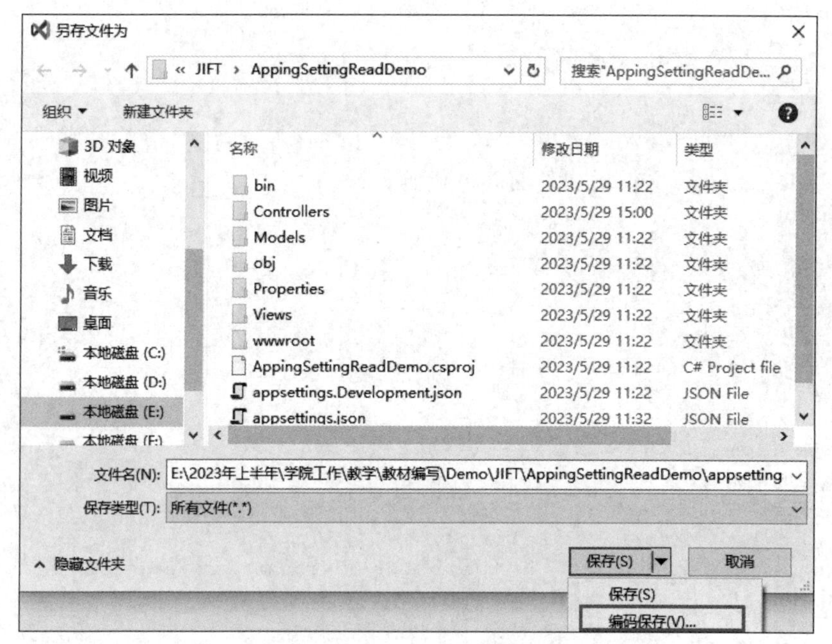

图 8-13 修改 appsettings.json 文件保存编码

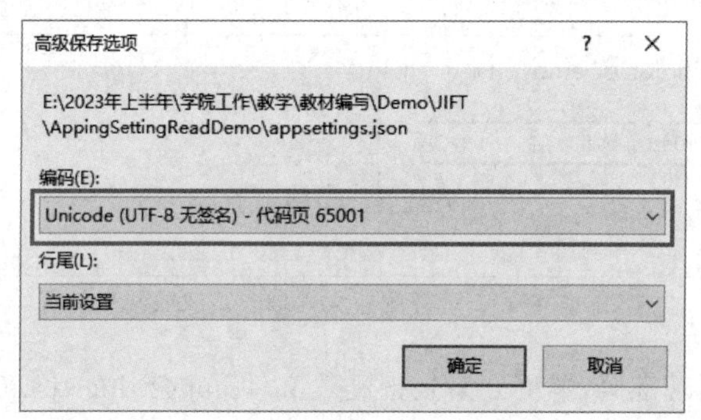

图 8-14 设置 appsettings.json 文件编码为 UTF-8

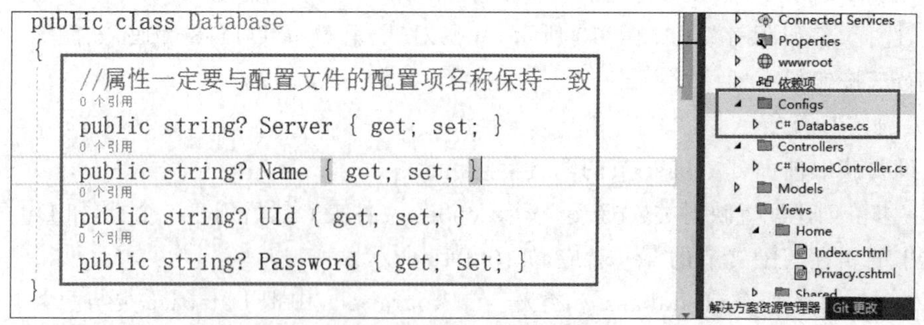

图 8-15 创建配置映射类

第三步：强类型配置方式如何使用呢？——注入 IOptions<T>类型对象，同样通过构造函数注入。切换到 Home 控制器，编写如下代码。

```
private IConfiguration Configuration;
        private IOptions<Database>  _database;
        //通过构造函数注入 Configuration 对象
        public HomeController(IConfiguration configuration,IOptions<Database>
database)
        {
            Configuration =configuration;
            _database =database;
        }
public IActionResult Index()          {
             …//其他代码注释
            Database db =_database.Value;//通过注入对象的 Value 属性得到 Database
                                        //实例对象
            ViewBag.database=$"server:{db.Server},name:{db.Name}";//然后就可以
//通过映射类 Database 类的实例对象获取其属性值。此处采用占位符写法,前面的 $ 符号不能少
            …//其他代码注释
            return View();
        }
```

切换到前端 Index.cshtml,添加@ViewBag. Database,然后运行测试,效果如图 8-16 所示,正确地获取到了配置文件 appsettings.json 中 database 对象的 Server 和 Name 属性值。

图 8-16　强类型方式获取配置文件中的值

思考以下几个问题:

(1) 程序运行期间,如果配置文件发生了变化,程序会自动加载新的配置吗?

答:目前是不能的。因为 IOptions<Database>类型对象为单例模式,即程序一旦运行起来,实例化后的对象就唯一。

如何解决呢?

答:把 IOptions<Database>改为 IOptionsSnapshot<Database>类型即可,也就是把上面两处加粗的 IOptions<Database>改为 IOptionsSnapshot<Database>,此时属于 Scoped 类型服务,针对每次请求都会重新加载配置数据,所以每次都会读取配置文件信息。

测试:只要修改了配置文件 appsettings.json 中的信息,如修改端口号,刷新下页面,即可看到改变后的结果。

(2) 每次加载都会重新读取配置文件,没有变化时也会读取配置文件,这样会导致无用操作,能不能只在配置文件发生变化时才加载呢?

只需把 IOptionsSnapshot<Database>改为 IOptionsMonitor<Database>类型,该类型能自动监测配置文件的变化,自动加载最新配置。

此时,_database.Value 替换为_database.CurrentValue,因为这时的对象不存在 Value 属性。

小结

本章首先介绍了什么是依赖注入，为什么要使用依赖注入，如何理解依赖注入，如何注入依赖服务及如何在视图中直接使用依赖注入，然后讲解了中间件的概念及如何自定义中间件，最后讲解了如何添加配置信息及如何读取配置文件中的信息等。

练习与实践

1. 简答题

(1) 用自己的话阐述你对依赖注入的理解。

(2) 中间件的本质是什么？如何自定义中间件？

2. 实践题

(1) 动手创建实例项目测试依赖注入如何使用。

(2) 动手创建实例项目测试中间件如何定义及如何使用。

(3) 动手创建实例项目测试如何向配置文件中添加信息及如何读取配置文件中的信息。

第9章　项目数据库的设计——EF Core技术运用

第8章讲解了.NET Core的核心概念依赖注入、中间件及配置文件的使用，接下来通过Code First方式来设计项目的数据库。

学习目标

（1）了解什么是EF Core。

（2）掌握引入NuGet包的两种方式，并能根据场景选择合适的方式。

（3）掌握EF Core Code First方式生成数据库的两种方法，并能根据场景选择合适的方法。

思政目标及设计建议

根据新时代软件工程师应该具备的基本素养，挖掘课程思政元素，有机融入教学中，本章思政目标及设计建议如表9-1所示。

表9-1　第9章思政目标及设计建议

思政目标	思政元素及融入
培养学生学以致用的能力	分析系统开发的DataBase First与Code First两种方式的优缺点及EF Core Code First方式两种生成数据库的方法

9.1　数据库访问技术EF Core包的引用

1. EF Core认识

Entity Framework(EF)Core是Entity Framework的一个轻量级和可扩展的版本，简称EF Core。

EF Core是一种ORM框架，它使得开发人员可以直接使用.NET对象来操作数据库，减少了大部分的数据访问代码，开发者通常只需要编写对象即可。EF Core支持多种数据库引擎，例如，Microsoft SQL Server、SQLite、MySQL、Npgsql等。

2. EF Core相关包的引用

使用EF Core需要添加EF Core和EF Core Tool两个NuGet包，有两种方式：命令行和 NuGet 包管理器。

1）命令行方式

依次单击“工具”菜单→“NuGet 包管理器”→“程序包管理器控制台”，弹出如图 9-1 所示界面，在该界面中输入以下命令。

```
Install-Package Microsoft.EntityFrameworkCore.SqlServer
```

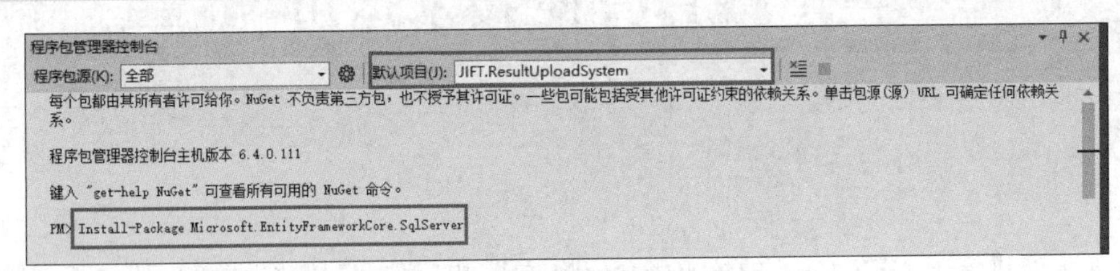

图 9-1　命令行安装 NuGet 包

注意：采用这种方式注意选择默认项目，即安装到哪个项目下。

此项目安装的是支持 SQL Server 的 EF Core，因为项目拟采用的数据库为 Microsoft SQL Server。

再安装 EF Core Tool，在如图 9-1 所示的程序包管理器控制台中输入下面的命令。

```
Install-Package Microsoft.EntityFrameworkCore.Tools
```

2）NuGet 包管理器

右击项目，选择“管理 NuGet 程序包”，打开 NuGet 包管理器，如图 9-2 所示，进行包的查询和安装。

图 9-2　NuGet 包管理器安装 EF Core

输入查询“Microsoft.EntityFrameworkCore.SqlServer”，在右侧“版本”下拉列表里选择最新稳定版本，单击“安装”按钮，则执行安装。如果已安装，“安装”按钮就会变为“卸载”按钮。

查询安装“Microsoft.EntityFrameworkCore.Tools”，在右侧“版本”下拉列表里选择最新稳定版本，单击“安装”按钮则执行安装。如果已安装，“安装”按钮就会变为“卸载”按钮，如图 9-3 所示。

图 9-3　NuGet 包管理器安装 EF Core Tool

注意：通过这种方式安装时会弹出些提示，单击“确定”和“我接受”按钮即可。

提示：如果相应的 NuGet 包没有安装过，查询时上面应该选择“浏览”。

说明：EF Core 是通过一个模型进行数据访问的。模型由实体类和表示数据库会话的上下文对象构成。

可以用现有的数据库生成模型，也可以手工编写模型来匹配数据库，或者用 EF 迁移来完成从模型生成数据库，也就是 DataBase First 和 Code First。

9.2　EF Core Code First 方式设计数据库

(1) 在项目 JIFT.ResultUploadSystem 的 Models 文件夹下创建一个实体类 Result(成果)，添加相关属性，并在属性上打上特性标签[Required]等(相关特性含义见注释)，需要导入 using System.ComponentModel.DataAnnotations 等命名空间，代码如下。

```
public class Result
    {
        [Key] //表述该字段为主键
        [DatabaseGeneratedAttribute(DatabaseGeneratedOption.Identity)]
        //主键自增 Id,此条语句可以不要
        public int Id { get; set; }
        //表示必须输入
        [Required]
        //表示最大长度为 10
        [MaxLength(10)]
        //表示下面字段显示中文为"姓名"
        [Display(Name ="姓名")]
        //string? 表示可空的字符串
        public string? StuName{ get; set; }
        [Required]
        [MaxLength(100)]
        [Display(Name ="标题")]
        public string? Title { get; set; }
        [Required]
```

```
        [Display(Name ="成果概述")]
        public string? Discription{ get; set; }
        [Display(Name ="创建时间")]
        public DateTime Create { get; set; }
    }
```

上面实体类中的 Id 将会被 EF Core 自动识别为主键，且为自增的。

(2) 创建 EF Core 上下文类。

创建一个上下文类 ResultContext，继承自 DbContext，即为上下文的基类，自动就会有基类下的一些方法属性可用，需要导入 using Microsoft.EntityFrameworkCore，代码如下。

```
public class ResultContext:DbContext
{
        public ResultContext(DbContextOptions<ResultContext>  options) : base
(options)
        {

        }
        public DbSet<Result>  Results { get; set; }
//有多少个表/实体就需要定义多少个属性(一般用复数表示，这个也是后续生成的表名称)，返回
//值为 DbSet<实体类型>类型
}
```

说明：构造函数必须是带有 DbContextOptions 类型参数的，否则会报如下错误。(后面的调用基类(base(options))的一个参数的构造方法可以没有。)

```
System.ArgumentException:"AddDbContext was called with configuration, but the
context type 'ResultContext' only declares a parameterless constructor. This
means that the configuration passed to AddDbContext will never be used. If
configuration is passed to AddDbContext, then 'ResultContext' should declare a
constructor that accepts a DbContextOptions<'ResultContext'>and must pass it
to the base constructor for DbContext."
```

因为注入 ResultContext 服务后，用到该类实例时还是会去调用该类的构造方法去实例化对象，注入服务时要传递一个 action，该 action 告知如何连接数据库，所以构造函数必须是具有参数的构造函数，这种注入方式也称为通过需要传参的构造函数的类的注入。

(3) 在 Program.cs 文件中注入服务(上下文类)，代码如下。

```
//设置连接数据库的字符串
var connection = @ "server=.; Database=ResultDB20230610; UId=sa; PWD=123456;
Encrypt=True;TrustServerCertificate=True;";
builder.Services.AddDbContext<ResultContext>(options =>options.UseSqlServer
(connection));
```

说明：连接数据库的字符串中需要增加 Encrypt = True; TrustServerCertificate = True;否则，可能报证书链是由不受信任的颁发机构颁发的错误。

(4) 根据上面的实体类和上下文类生成数据库——通过 EF 的迁移来从模型生成数据库。

① 第一种生成数据库方法——通过 EF 迁移。

依次单击菜单“工具”→“NuGet 包管理器”→“程序包管理控制台”，打开程序包管理控制台，输入如下命令：

```
Add-Migration ResultFirst
```

说明：Add-Migration 为迁移数据命令，ResultFirst 为自定义的迁移名称，执行后会在项目根目录下会生成 Migrations 文件夹，文件夹下会生成相关的类，通过这些类执行下面的命令来生成数据库。

```
Update-Database //执行该命令,生成数据库
```

注意：执行上面的命令时上面框住的默认项目为当前的项目，且当前项目要设置为启动项。

执行完后出现 Done.等表示成功，如图 9-4 所示。

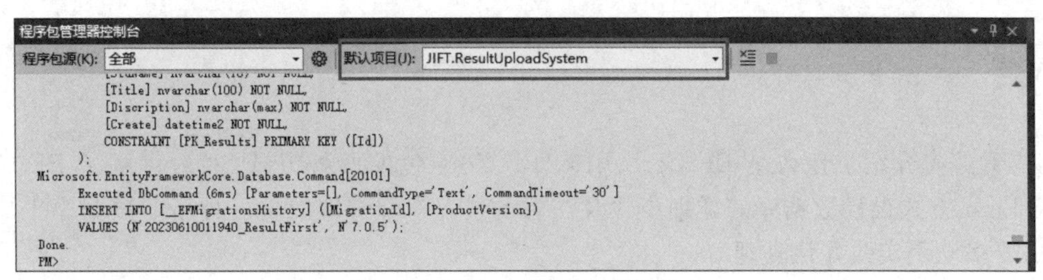

图 9-4　通过 EF 迁移生成数据库

打开数据库查看，发现 ResultDB20230610 数据库创建成功，如图 9-5 所示。

图 9-5　查看数据库是否创建成功

② 第二种生成数据库方法——使用 Dotnet ef 命令。

右击项目 JIFT.ResultUploadSystem，选择“编辑项目文件”，打开 JIFT.ResultUploadSystem.csproj 文件，在<ItemGroup>节中添加如下加粗代码。

```
<ItemGroup>
    <DotNetCliToolReference Include="Microsoft.EntityFrameworkCore.Tools.DotNet" Version="2.0.0" />
</ItemGroup>
```

编辑完后保存，会自动还原 NuGet 包。

接着在项目 JIFT.ResultUploadSystem 文件夹下打开命令提示符，输入下面的 Dotnet ef 命令执行即可，如图 9-6 所示。

```
//先输入下面的命令等待一会儿,ResultSecond 为自定义的迁移名称
Dotnet ef migrations add ResultSecond
//再输入下面的命令等待一会儿
Dotnet ef database update
```

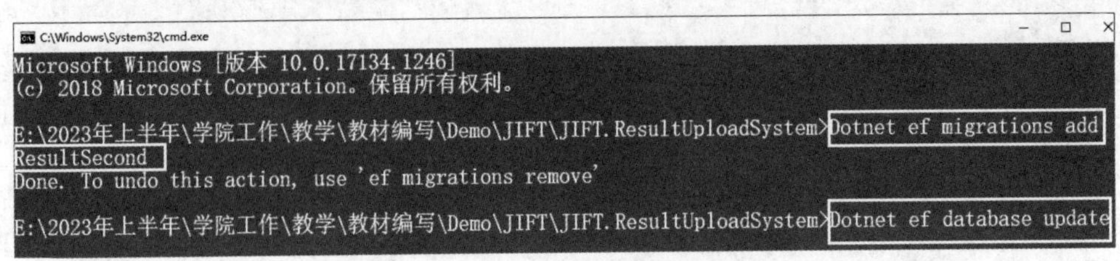

图 9-6 使用 Dotnet ef 命令生成数据库

执行完上面的代码后,即同样生成数据库。

思考：上面有关数据库的连接信息如何改为采用配置文件？如何读取配置文件？

小结

本章首先介绍了什么是 EF Core、引入 EF Core 包的两种方式,然后讲解了 EF Core Code First 方式设计数据库的详细步骤及注意事项。本章讲解的是一种新的数据库生成方式,需要多动手实践并认真理解。

练习与实践

1. 简答题

(1) 简述你对 EF Core 的理解。

(2) 引入 NuGet 包有哪两种方式?

(3) 根据实体类和上下文类生成数据库有哪两种方式?

2. 实践题

通过 EF Core Code First 方式生成本项目的数据库。

第10章　项目增、删、改、查及分页功能实现

第9章通过EF Core Code First方式设计了项目数据库，接下来本章来实现项目的增、删、改、查及分页显示功能。

学习目标

(1) 理解异步编程的含义。

(2) 掌握.NET Core MVC项目实现增、删、改、查的技术。

(3) 掌握.NET Core MVC项目分页技术。

思政目标及设计建议

根据新时代软件工程师应该具备的基本素养，挖掘课程思政元素，有机融入教学中，本章思政目标及设计建议如表10-1所示。

表10-1　第10章思政目标及设计建议

思政目标	思政元素及融入
助力激发学生科技报国的家国情怀和使命担当	通过异步编程可以提高程序运行效率，启发学生要追求技术发展与创新，更快更好地解决实际问题
助力培养逻辑思维能力和正确分析问题的能力	通过对项目增、删、改、查及分页功能的逐步实现，培养逻辑思维能力和正确分析问题的能力

10.1　异步编程（Task）基本理解

本章要实现的项目使用了异步编程技术，其目的是提高项目的运行效率，因此接下来先学习异步编程的基础知识。

1. Task类

Task类是.NET 4.0之后提供的异步操作抽象，需要导入System.Threading.Tasks命名空间。

Task类用于表示无返回值的异步操作，对于带有返回值的异步操作应使用Task类的子类Task<TResult>。

Task类和Task<TResult>类，后者是前者的泛型版本。TResult类型为Task所调用方法的返回值。

主要区别在于 Task 构造函数接收的参数是 Action 委托，而 Task<TResult>接收的是 Func<TResult>委托。

```
Task(Action)
Task<TResult>(Func<TResult>)
```

2. Task 异步编程的理解

Task 异步编程模式比较热门，其原因就是因为执行效率高。怎么理解异步编程？通俗地讲就是“未来完成时”。Task 异步编程表示相关 Task 语句现在不一定有结果，等有结果了，会及时“通知”系统。实际上的意义就是，计算机 CPU 现在可以忙别的，等有结果了再去处理 Task 语句。想想医生怎么看病就很好理解，医生一般让患者先做检查，做相应的化验，等患者检查化验结果出来了，医生再具体判别病情。在患者去化验的同时医生也不会闲着，他会用这段时间给后面的患者诊断。简言之，就是“不空等结果，保存环境，等有结果了，恢复环境继续运行。同时在等结果的同时去执行其他任务”。

异步就是不阻塞，不等 Task 执行完而是先去执行这个方法后边的代码。当写了 await 关键字时，就可以让 Task 执行完毕了才去执行它后边的代码。

3. Task 类中的一些常用方法及应用

```
//将参数中的异步操作在当前调度器中排队，并返回 Task 对象
(1)
public static Task Run(Action action);
(2)
public static Task<TResult> Run<TResult>(Func<TResult> function);
```

Task.Run()方法是 Task 类中的静态方法，接收的参数是委托。返回值是该 Task 对象。

```
(3)
public void Wait();  //等待当前 Task 完成
```

Task 类创建的任务会加入线程池中。在实际开发中，更多情况下使用 Task 类的静态方法 Run()或者工厂类 TaskFactory 的成员方法 StartNew()来创建和启动新的任务。

```
TaskFactory taskFactory =new TaskFactory();
taskFactory.StartNew(Action);
```

虽然在异步方法中提示返回值可以为 Task、Task<T>或者 void，但是建议返回值选择 Task 或者 Task<T>。

例 1：创建一个.NET Core 的控制台项目 TaskDemo。

在 Program.cs 文件中直接写入下面的测试代码。

```
Task Task1 =new Task(() =>Console.WriteLine("Task1"));
Task1.Start();
Console.ReadKey();
```

本例的运行效果是在控制台窗口输出 Task1。在本例中通过实例化一个 Task 对象，然后调用 Start()方法，这种方式“中规中矩”，但是在实际应用中，通常会采用下面更方便快捷的写法。

```
Task.Run(() =>Console.WriteLine("异步编程"));
Console.ReadKey();
```

这种写法调用 Task 对象的 Run()方法，Run()方法中传递一个 Action 委托作为参数。这种方式会直接运行 Task，不像前面的写法还需要调用 Start()方法。

默认情况下，Task 任务是由线程池线程异步执行。要知道 Task 任务是否完成，可以通过 task.IsCompleted 属性获得，也可以使用 task.Wait()来等待 Task 完成。Wait()方法会阻塞当前线程。

说明：.NET 6 中控制台项目 Program.cs 类没有了命名空间和 Main() 函数，而是直接写语句。

例 2：测试 Wait()方法的含义。

```
Task Task1 =Task.Run(() =>
{
    Thread.Sleep(5000);
    Console.WriteLine("Foo");
    Thread.Sleep(5000);
});
//阻塞当前线程,等待上面任务完成再执行下面的代码
Task1.Wait();
Console.WriteLine(Task1.IsCompleted);
Console.WriteLine(Task1.IsCompleted);
Console.WriteLine("ok");
Console.ReadKey();
```

上面代码的执行过程：先休眠等待 5s，之后输出 Foo，然后继续休眠等待 5s，之后输出两次 True，表示 Task 任务完成，紧接着输出 ok，结果如图 10-1 所示。

图 10-1　体会 Wait()方法带来的效果 1

上面的执行结果感觉并没有异步执行，原因是 Task1.Wait()；语句正好在 Task.Run()方法之后，这样就必须等待 Task.Run()方法中的语句全部执行完毕才继续往下执行。如果把 Task1.Wait()；语句调整至如下位置，那么运行结果如图 10-2 所示。

```
Task Task1 =Task.Run(() =>
{
    Thread.Sleep(5000);
    Console.WriteLine("Foo");
    Thread.Sleep(5000);
});
Console.WriteLine(Task1.IsCompleted);
Task1.Wait();//阻塞当前线程,等待上面任务完成再执行下面的代码
Console.WriteLine(Task1.IsCompleted);
```

```
    Console.WriteLine("ok");
    Console.ReadKey();
```

上面代码的执行过程是：启动后输出 False，因为这个时候不会等待 Task1.Wait()；语句执行完成就会执行斜体代码，然后执行到 Task1.Wait()；语句才会等待 Task.Run()方法中的语句全部执行完才往下继续执行。

图 10-2　体会 Wait()方法带来的效果 2

4. async/await 关键字

C# 5.0 之后引入了 async 和 await 关键字，更好地支持并发操作。

async 用于标记异步方法。async 标记的方法返回值必须为 Task、Task<TResult>、void 其中之一。

await 用于等待异步方法的结果。await 关键字可以用在 async 方法和 Task、Task<TResult>之前，用于等待异步任务执行结束。

例如：

```
    await _resultRepository.ListAsync();
```

10.2　项目添加功能的实现

本节学习添加成果记录和查看成果记录，步骤如下。

1. 添加接口

在项目 JIFT.ResultUploadSystem 下创建一个文件夹 Repository，存放仓储文件是用于操作数据库的一种方式，即 Repository 仓库模式，该模式可以通过使用对象化的模式来获取数据，而不用知道数据是如何保存的，甚至可以忽略数据的存储形式和数据库的类型。要使用该模式，先要创建实体类，其次创建仓库接口，然后创建实现仓库接口的类。实体类 Result.cs 前面已经创建过，接下来创建接口和实现接口的类。

在文件夹下添加接口 IResultRepository，为了后面功能的需要，这里先添加下面的抽象方法，代码如下。

```
public interface IResultRepository
    {
        //根据 ID 查询成果记录,Result?表示返回值类型可以是 Result 或为 null
        Task<Result?> GetByIdAsync(int id);
        //查找全部成果记录,返回为 List 集合
        Task<List<Result>> GetAllAsync();
        //添加成果记录
        Task AddAsync(Result result);
```

```
        //更新成果记录,返回值为 bool 类型
        Task<bool> UpdateAsync(Result result);
}
```

2. 实现接口

在 Repository 文件夹下添加实现接口类 ResultRepository。

```
public class ResultRepository :IResultRepository
    {
        private ResultContext resultContext;
        //通过构造方法注入上下文类 ResultContext
        public ResultRepository(ResultContext _resultContext)
        {
            resultContext = _resultContext;
        }
        //无返回值的异步操作
        public Task AddAsync(Result result)
        {
            resultContext.Results.Add(result);
            return resultContext.SaveChangesAsync();
        }
        //带有返回值的异步操作,返回值为 List<Result>类型
        public Task<List<Result>> GetAllAsync()
        {
            return resultContext.Results.ToListAsync();
        }
        //带有返回值的异步操作,返回值 Result?类型,不加?会有错误警告
        public Task<Result?> GetByIdAsync(int id)
        {
            return resultContext.Results.FirstOrDefaultAsync(r =>r.Id ==id);
        }
        public async Task<bool> UpdateAsync(Result result)
        {
            resultContext.Results.Update(result);
            return await resultContext.SaveChangesAsync() >0;
        }
    }
```

3. 注入服务

注入服务即要让 ResultRepository 类方便在控制器中使用。

打开项目中的 Program.cs 文件,在 var app = builder.Build();前面增加下面的语句。

```
//通过接口形式注入 ResultRepository 服务
builder.Services.AddScoped<IResultRepository, ResultRepository>();
```

4. 创建 ViewModel

Add 操作需要对应的实体,不建议直接使用数据库实体,因为有时候只需要用到实体的部分属性。这里添加一个对应的 ViewModel 来展示对应的实体。即再添加一个 ViewModels 文件夹,接着添加 ResultModel.cs,代码如下。

```
public class ResultModel
    {
        [Key]
        public int Id { get; set; }
        [Required]
        [MaxLength(10)]
        [Display(Name ="姓名")]
        //string?表示 StuName 可以为空
        public string? StuName{ get; set; }
        [Required]
        [MaxLength(100)]
        [Display(Name ="标题")]
        //string?表示 Title 可以为空
        public string? Title { get; set; }
        [Required]
        [Display(Name ="成果概述")]
        //string?表示 Discription 可以为空
        public string? Discription{ get; set; }
        //创建时间不需要,后续添加时为系统当前时间
    }
```

5. 使用服务

在 Controller 文件夹下添加控制器 ResultController,代码如下,相关说明见注释。

```
public class ResultController : Controller
    {
        private IResultRepository _resultRepository;
        //通过构造方法注入服务(ResultRepository类的实例对象)
        public ResultController(IResultRepository resultRepository)
        {
            _resultRepository =resultRepository;
        }
        //提问:resultRepository 对象是什么时候产生/注入的呢?
        //public IActionResult Index()
        //{
        //    return View();
        //}
        //改为异步获取
        public async Task<IActionResult> Index()
        {
            var results =await _resultRepository.GetAllAsync();
            return View(results);
        }
        //显示添加页面所需的 action
        public IActionResult Add()
        {
            return View();
        }
        //处理添加逻辑
        [HttpPost]
```

```
        public async Task<IActionResult> Add(ResultModel model)
        {
            //指前端那些表单验证无效/失败
            if (!ModelState.IsValid)
            {
                return BadRequest(ModelState);
            }
            await _resultRepository.AddAsync(new Models.Result
            {
                StuName =model.StuName,
                Title =model.Title,
                Discription =model.Discription,
                Create =DateTime.Now
            });
            return RedirectToAction("index");
        }
    }
```

6. 添加对应视图

1）添加视图 Add.cshtml

右击 public IActionResult Add()，选择“添加视图”，弹出如图 10-3 所示对话框。选择“Razor 视图”，然后单击“添加”按钮，弹出如图 10-4 所示的“添加 MVC 视图”对话框，注意模板、模型类、数据上下文类的选择，之后再单击“添加”按钮，稍后即可创建好对应视图。

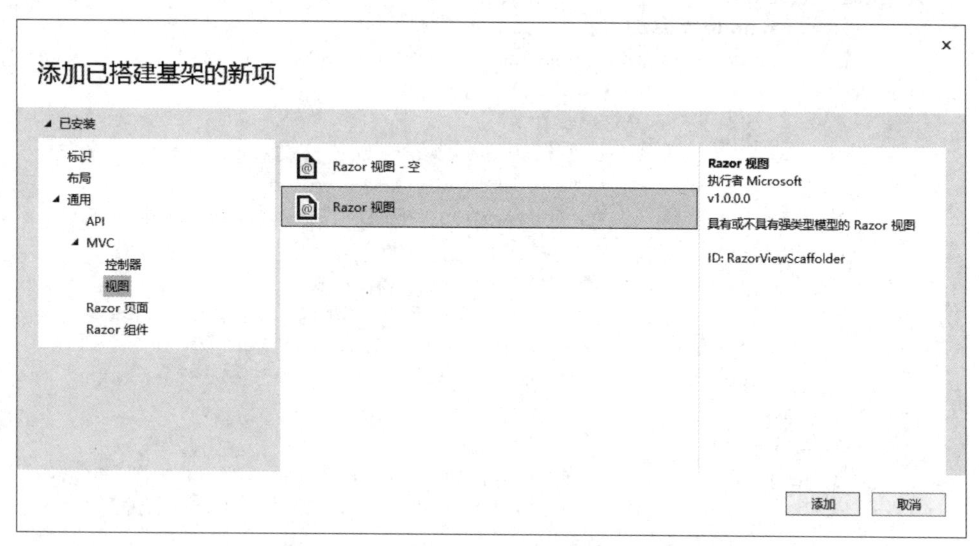

图 10-3　“添加已搭建基架的新项”对话框

默认生成的视图代码如下，加粗代码 method="post"是自己增加的，表示以 Post 方式发送请求。

```
@ model JIFT.ResultUploadSystem.ViewModels.ResultModel

@ {
    ViewData["Title"] ="Add";
```

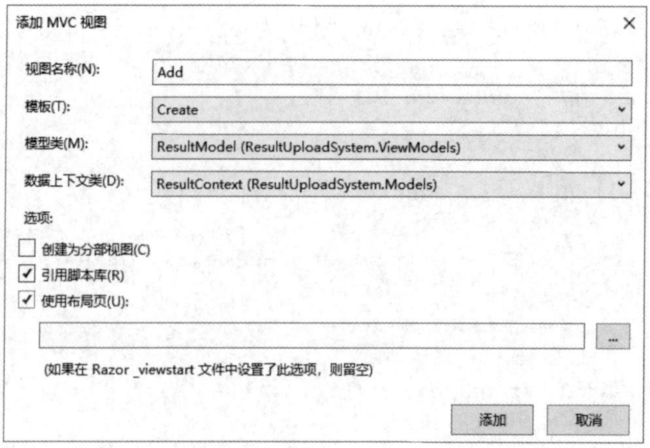

添加 MVC 视图

视图名称(N): Add

模板(T): Create

模型类(M): ResultModel (ResultUploadSystem.ViewModels)

数据上下文类(D): ResultContext (ResultUploadSystem.Models)

选项:

☐ 创建为分部视图(C)

☑ 引用脚本库(R)

☑ 使用布局页(U):

(如果在 Razor _viewstart 文件中设置了此选项，则留空)

添加 取消

图 10-4 “添加 MVC 视图”对话框

```
}

<h1>Add</h1>

<h4>ResultModel</h4>
<hr />
<div class="row">
<div class="col-md-4">
@ * 此处加粗代码是自己增加的 * @
      <form method="post" asp-action="Add">
          <div asp-validation-summary="ModelOnly" class="text-danger">
</div>
          <div class="form-group">
              <label asp-for="StuName" class="control-label"></label>
              <input asp-for="StuName" class="form-control" />
              <span asp-validation-for="StuName" class="text-danger"></span>
          </div>
          <div class="form-group">
              <label asp-for="Title" class="control-label"></label>
              <input asp-for="Title" class="form-control" />
              <span asp-validation-for="Title" class="text-danger"></span>
          </div>
          <div class="form-group">
              <label asp-for="Discription" class="control-label"></label>
              <input asp-for="Discription" class="form-control" />
              <span asp-validation-for="Discription" class="text-danger">
</span>
          </div>
          <div class="form-group">
              <input type="submit" value="Create" class="btnbtn-primary" />
          </div>
      </form>
   </div>
</div>
```

```
<div>
    <a asp-action="Index">Back to List</a>
</div>

@section Scripts {
    @{await Html.RenderPartialAsync("_ValidationScriptsPartial");}
}
```

2）主页视图 Index.cshtml

右击 index()，选择“添加视图”，选择 Razor 视图，然后单击“添加”按钮，弹出如图 10-5 所示的“添加 Razor 视图”对话框，注意模板、模型类、数据上下文类的选择，之后再单击“添加”按钮，稍后即可创建好对应视图。

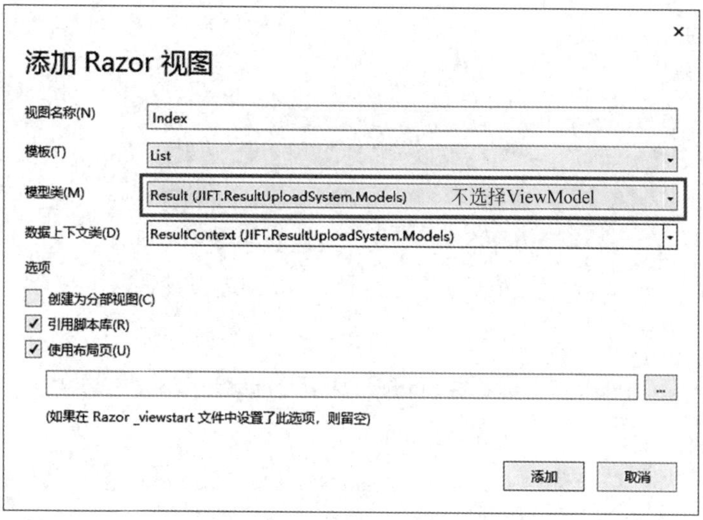

图 10-5 “添加 Razor 视图”对话框

默认生成的视图代码如下，因为添加的 action 名称是 Add，所以把 asp-action 的默认值 Create 改为 Add。

```
@model IEnumerable<JIFT.ResultUploadSystem.Models.Result>

@{
    ViewData["Title"] ="Index";
}

<h1>Index</h1>

<p>
@*此处加粗地方由默认 Create 改为 Add，因为设置的 action 名称是 Add*@
    <a asp-action="Add">Create New</a>
</p>
<table class="table">
    <thead>
```

```
        <tr>
            <th>
                @Html.DisplayNameFor(model =>model.StuName)
            </th>
            <th>
                @Html.DisplayNameFor(model =>model.Title)
            </th>
            <th>
                @Html.DisplayNameFor(model =>model.Discription)
            </th>
            <th>
                @Html.DisplayNameFor(model =>model.Create)
            </th>
            <th></th>
        </tr>
    </thead>
    <tbody>
@foreach (var item in Model) {
        <tr>
            <td>
                @Html.DisplayFor(modelItem =>item.StuName)
            </td>
            <td>
                @Html.DisplayFor(modelItem =>item.Title)
            </td>
            <td>
                @Html.DisplayFor(modelItem =>item.Discription)
            </td>
            <td>
                @Html.DisplayFor(modelItem =>item.Create)
            </td>
            <td>
                <a asp-action="Edit" asp-route-id="@item.Id">Edit</a>|
                <a asp-action="Details" asp-route-id="@item.Id">Details</a>|
                <a asp-action="Delete" asp-route-id="@item.Id">Delete</a>
            </td>
        </tr>
}
    </tbody>
</table>
```

测试运行效果，先在 Program.cs 文件中修改启动控制器为 Result，即如下加粗代码。

```
app.MapControllerRoute(
    name: "default",
    pattern: "{controller=Result}/{action=Index}/{id?}");
```

然后选择到控制器文件或视图文件，启动运行，效果如图 10-6 所示。

在图 10-6 中单击 Create New 链接打开如图 10-7 所示的页面，通过该页面添加 1～2 条记录测试。

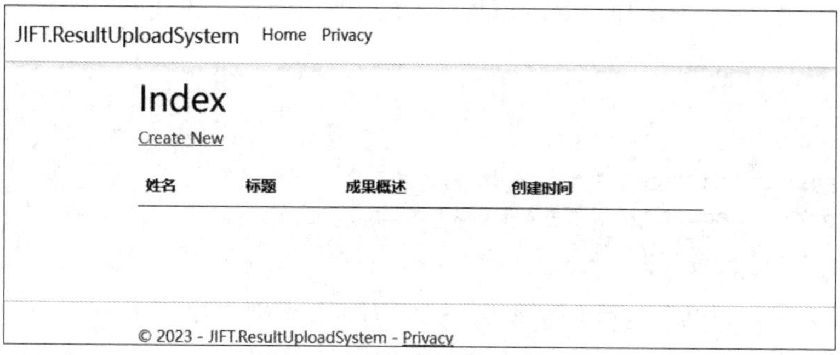

图 10-6　项目默认首页效果图

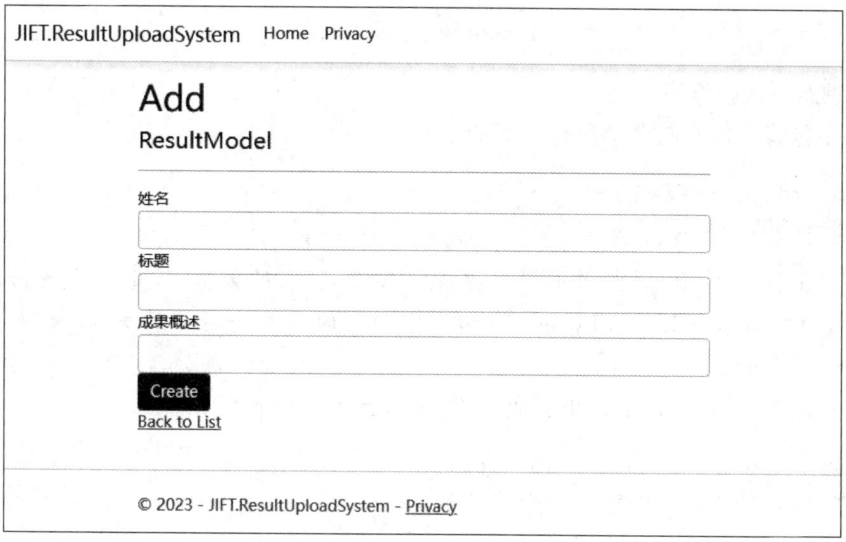

图 10-7　添加成果(Result)信息页面

说明：默认视图代码读者可自主查阅相关资料学习理解。

10.3　为项目增加分类

为项目增加分类，也就是为学习成果记录添加分类字段，主要实现步骤如下。

(1) 先在项目的 Models 文件夹下添加一个类 ResultType，其代码如下。

```
public class ResultType
    {
        public int Id { get; set; }
        [Required]
        [MaxLength(50)]
        [Display(Name ="类型名称")]
        public string? Name { get; set; }
        public List<Result>? Results { get; set; }
    }
```

说明：ResultType 跟 Result 是一对多的关系。

（2）在 Result.cs 类中增加分类的属性，即增加如下两行加粗代码。

```
public class Result
    {
        ...
        public int TypeId{ get; set; }
        public ResultType? Type { get; set; }
    }
```

EF Core 会自动识别 TypeId 属性为外键，Type 会识别为导航属性。

（3）修改上下文类。

在 ResultContext 类中添加 ResultTypes 属性。

```
public DbSet<ResultType> ResultTypes{ get; set; }
```

（4）重新生成数据库。

在程序包管理器控制台中执行如下命令。

```
Add-Migration ResultType
update-Database
```

注意：update-Database 执行前一定要清空 Results 表的数据，否则会出现错误。因为这时要更新 Results 和 ResultTypes 两张表，它们之间存在一对多的关系，如果只更新表 Results，则不用清空数据。

如果采用 Dotnet ef 命令来更新数据库，则需要执行如下两条命令。

```
Dotnet ef migrations and ResultType
Dotnet ef database update
```

如果迁移生成数据库过程中出现错误，则可以尝试删除迁移文件夹 Migrations，重新执行命令生成数据库。

命令执行完后，数据库中的 Results 表中会增加 TypeId 字段，数据库中会添加 ResultTypes 表，手动在 ResultTypes 表中添加几条分类数据，以便后面测试。

（5）添加对 ResultTypes 表的操作仓储类。

① 添加接口。

```
public interface IResultTypeRepository
    {
        //查找获取所有的成果类型
        Task<List<ResultType>> TypeListAsync();
    }
```

② 添加实现类(服务)。

```
public class ResultTypeRepository :IResultTypeRepository
    {
        //要采用 EF Core 去获取 Result 类型 ResultType 的记录，就要获取对应上下文对象
        //ResultContext，这个对象如何获取呢？
        //通过构造方法注入进来，怎么注入进来的呢？就是在 Program.cs 文件中注入了
```

```
        //builder.Services.AddDbContext<ResultContext>();服务。也就是说,一执行
        //构造方法,上下文对象 ResultContext 就会自动产生
        private ResultContext resultContext;
        public ResultTypeRepository(ResultContext _resultContext)
        {
            resultContext = _resultContext;
        }
        public Task<List<ResultType>> TypeListAsync()
        {
             return resultContext.ResultTypes.ToListAsync();
        }
    }
```

要导入如下的命名空间。

```
using Microsoft.EntityFrameworkCore;
using ResultUploadSystem.Models;
```

(6) 注入该服务。

在 Program.cs 文件中注入该服务,代码如下,方便在控制器中使用服务。

```
builder.Services.AddScoped<IResultTypeRepository, ResultTypeRepository>();
```

(7) 获取该服务。

通过 ResultController 控制器的构造函数获取服务对象,即增加下面的加粗代码。

```
public class ResultController : Controller
    {
        private IResultRepository _resultRepository;
        private IResultTypeRepository _resultTypeRepository;
        public ResultController(IResultRepository resultRepository,
IResultTypeRepository resultTypeRepository)
        {
            _resultRepository = resultRepository;
            _resultTypeRepository = resultTypeRepository;
        }
```

(8) 改进控制器下的 Add()方法(显示 Add 页面的方法),显示添加界面时需要让“成果类型”提供选择,即原来的 Add()方法代码改为如下代码(异步方法)。

```
public async Task<IActionResult> Add()
        {
            var types = await _resultTypeRepository.TypeListAsync();
            //使用SelectListItem需要导入 using Microsoft.AspNetCore.Mvc.Rendering
            ViewBag.Types = types.Select(r => new SelectListItem
            {
                Text = r.Name,
                Value= r.Id.ToString()
            });
            return View();
        }
```

说明：将 ResultType 转换为 SelectListItem，以供 select TagHelper 标签使用。

(9) 在 ResultModel 中增加成果类型，即下面的加粗代码。

```
public class ResultModel
    {
        …
         [Display(Name ="成果类型")]
        public int TypeId{ get; set; }
}
```

(10) 在 Add 视图中增加如下加粗代码。

```
@model ResultUploadSystem.ViewModels.ResultModel

@{
    ViewData["Title"] ="Add";
    var types=ViewBag.Types as IEnumerable<SelectListItem>;
}
<h1>Add</h1>
<h4>ResultModel</h4>
<hr />
<div class="row">
    <div class="col-md-4">
        <form asp-action="Add">
            <div asp-validation-summary="ModelOnly" class="text-danger"></div>
            …
            <div class="form-group">
                <label asp-for="Discription" class="control-label"></label>
                <input asp-for="Discription" class="form-control" />
                <span asp-validation-for="Discription" class="text-danger">
</span>
            </div>
            <div class="form-group">
                <label asp-for="TypeId" class="control-label"></label>
                <select asp-for="TypeId" asp-items="types" class="form-
control" ></select>
                <span asp-validation-for="TypeId" class="text-danger"></span>
            </div>
            <div class="form-group">
                <input type="submit" value="Create" class="btnbtn-primary" />
            </div>
        </form>
    </div>
</div>
…
```

(11) 更改保存方法 Add()(带 HttpPost 特性的)，增加如下加粗代码。

```
[HttpPost]
        public async Task<IActionResult> Add(ResultModel model)
        {
            …
                Discription =model.Discription,
```

```
                TypeId=model.TypeId,
                Create =DateTime.Now
            });
            return RedirectToAction("index");
        }
```

(12) 改进 ResultRepository 类中的 GetAllAsync,通过关联 ResultType 表,把成果类型(ResultType)显示出来。

```
public Task<List Result> GetAllAsync()
        {
//return resultContext.Results.ToListAsync();
    //Type 为 Results 表的导航属性,通过导航属性关联两张表
            return resultContext.Results.Include<Result, ResultType?>(r =>
r.Type).ToListAsync();
        }
```

(13) 更改 Index 视图,增加如下加粗代码。

```
<tr>
        <th>
            @Html.DisplayNameFor(model =>model.Title)
        </th>
        <th>
            @Html.DisplayNameFor(model =>model.Content)
        </th>
        <th>
            @Html.DisplayNameFor(model =>model.Create)
        </th>
        <th>
            @Html.DisplayNameFor(model =>model.Type!.Name)
@* Type 为导航属性,这步写的时候输入".",如果没有 Type 选择也没关系,手动写上,写完 Type
之后输入"."后会有 Name 等选择。!表示不允许为空 *@
        </th>
…
<tr>
        <td>
            @Html.DisplayFor(modelItem =>item.Title)
        </td>
        …
        <td>
            @Html.DisplayFor(modelItem =>item.Create)
        </td>
        <td>
            @Html.DisplayFor(modelItem =>item.Type!.Name)
        </td>
```

运行测试,首页效果如图 10-8 所示,多了"类型名称"。

在图 10-8 中单击 Create New 链接,打开如图 10-9 所示页面,在此页面中成果类型是用于提供选择的,输入几条测试记录。

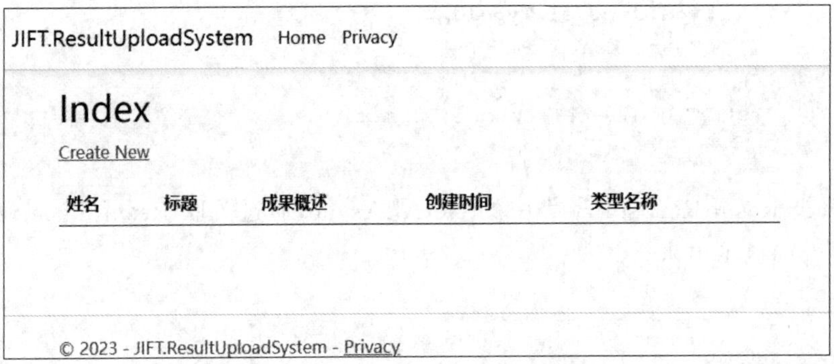

图 10-8　增加了“类型名称”的首页效果

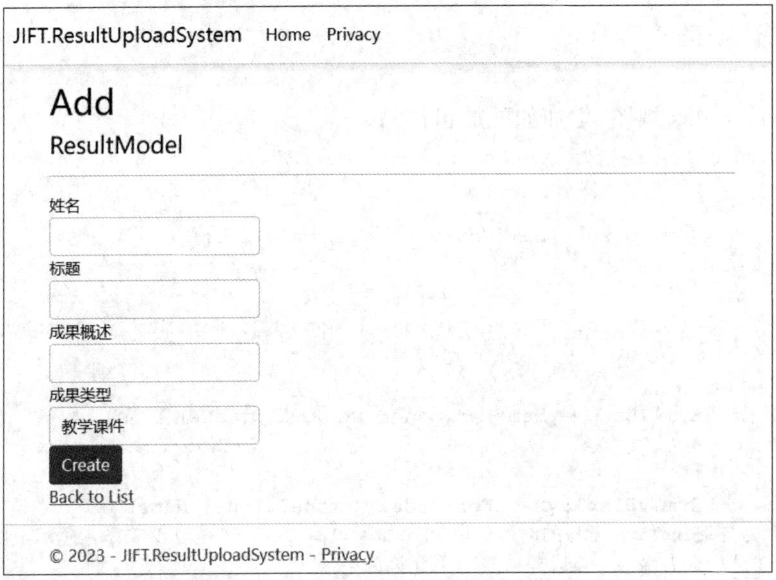

图 10-9　增加了成果类型的添加成果记录页面

10.4　项目列表分页展示的实现

当记录比较多时，一般需要通过分页来展示。接下来为成果(Result)记录添加分页显示，实现步骤如下。

1. 添加分页接口

在 IResultRepository 接口中添加以下方法/接口。

```
List<Result>  PageList(int pageindex, int pagesize, out int pagecount);
```

2. 实现分页接口

在 ResultRepository 中实现该方法。

```
public List<Result> PageList(int pageindex, int pagesize, out int pagecount)
        {
```

```
        //Include<Result, ResultType>指后面方法传进去的是 Result,返回值是对应
        //的 ResultType 类型,Type 是导航属性,!表示不允许为空
        var query =resultContext.Results.Include<Result, ResultType>(r =>
r.Type!).AsQueryable();//这个地方不要直接 ToList,AsQueryable 为延迟加载
        var count =query.Count();//记录条数
        //计算出总页数
        pagecount =count %pagesize ==0 ? count / pagesize : count / pagesize +1;
        //OrderByDescending 为降序排列
        var results =query.OrderByDescending(result =>result.Create)
            .Skip((pageindex -1) * pagesize)//跳过多少条记录
            .Take(pagesize)                 //取多少条记录
            .ToList();
        return results;
    }
```

AsQueryable()和 AsEnumerable()的区别：AsQueryable()在数据库端过滤数据，而 AsEnumerable()会先把数据全部加载到内存中，然后再过滤。

3. 改进 ResultController 中的 Index()方法

```
public IActionResult Index(int pageindex =1, int pagesize =5)
                                    //默认当前页为第 1 页,每页显示 5 条记录
{
    var results = _resultRepository.PageList(pageindex, pagesize, out int
pagecount);
    ViewBag.PageCount =pagecount;
    ViewBag.PageIndex =pageindex;
    //var results =await _resultRepository.ListAsync();//这个方法数据没有分页
    return View(results);                         //给视图传递数据
}
```

4. 在 Index 视图中添加 BootStrap 的分页组件及对应处理逻辑(一页显示 5 个页码)

```
@{
    ViewData["Title"] ="Index";
    var pageindex =Convert.ToInt32(ViewBag.PageIndex);
    var pagecount =Convert.ToInt32(ViewBag.PageCount);
    //由于默认一页显示 5 条记录,所以下面一句显示的起始页码为通过 pageindex-2 是否大
    //于 0 进行计算,大于 0 则 pageindex-2 为起始页码,否则第 1 页为起始页码
    var pagestart =pageindex -2 >0 ?pageindex -2 : 1;
    //由于默认一页显示 5 条记录,所以下面一句显示的结束页码为通过 pageindex+2 是否大
    //于总页数进行计算,大于总页数则结束页码为总页数,否则为起始页码+4
    var pageend =pageindex +2 >=pagecount ?pagecount : pagestart +4;
}
...
```

说明：Visual Studio 2022 自带了 BootStrap v5.1.0，在 wwwroot 文件夹下的 lib 文件夹下。BootStrap 官网为 https://www.bootcss.com/，也可以在官网下载 BootStrap 组件。

在官网下可以查看分页(Pagination)组件的示例。分页示例的网址为 https://v5.

bootcss.com/docs/components/pagination/

本项目选择如图 10-10 所示分页效果，使用 .disabled 来显示不可单击的链接；使用 .active 来表示当前页面。图中提供的 HTML 代码是固定显示 3 个页码，且第 2 个页码为当前页码。需要修改为动态显示 5 个页码，且当前页码也不固定。因此首页 index 视图显示分页导航的 HTML 代码修改为如下代码，放在 index 视图代码的最后面。

Previous 1 2 3 Next

HTML

```
<nav aria-label="...">
  <ul class="pagination">
    <li class="page-item disabled">
      <a class="page-link">Previous</a>
    </li>
    <li class="page-item"><a class="page-link" href="#">1</a></li>
    <li class="page-item active" aria-current="page">
      <a class="page-link" href="#">2</a>
    </li>
    <li class="page-item"><a class="page-link" href="#">3</a></li>
    <li class="page-item">
      <a class="page-link" href="#">Next</a>
    </li>
  </ul>
</nav>
```

图 10-10　显示禁用和激活状态的分页效果

```
<nav aria-label="...">
  <ul class="pagination">
    <li class="@(pageindex ==1 ? "page-item disabled" : "page-item")">
      <a class="page-link" asp-action="Index" asp-route-pageindex=
"@(pageindex==1? 1:pageindex-1)">Previous</a>
    </li>
      @for (int i =pagestart; i<=pageend; i++)
        {
            <li class="@(pageindex ==i ? "page-item active" : "page-item")" page-
item active"><a class="page-link" asp-action="Index" asp-route-pageindex=
"@i">@i</a></li>
        }
    <li class="@(pageindex ==pagecount ? "disabled page-item" : "page-item")">
<a asp-action="Index" class="page-link" asp-route-pageindex="@(pageindex==
pagecount? pagecount:pageindex+1)">Next</a>
    </li>
  </ul>
</nav>
```

导入 BootStrap 相关组件，代码如下，放在＜h1＞Index＜/h1＞上面即可。

```
<link href="~ /lib/bootstrap/dist/css/bootstrap.min.css" rel="stylesheet" />
```

```
<script src="~ /lib/jquery/dist/jquery.js"></script>
<script src="~ /lib/bootstrap/dist/js/bootstrap.js"></script>
```

保存后运行测试,效果如图 10-11 所示,可以看到正确地显示了分页效果,且当前页码效果突出显示。

JIFT.ResultUploadSystem Home Privacy

Index

Create New

姓名	标题	成果概述	创建时间	类型名称	
明明	学习视频	防溺水视频	2023/7/2 16:54:15	视频	Edit | Details | Delete
毛毛	如何有效布置作业	精选及时	2023/7/2 16:52:46	论文	Edit | Details | Delete
小军	如何讲好一堂课	认真备课	2023/7/2 16:51:24	论文	Edit | Details | Delete
小李	教案	教案2课时	2023/7/2 16:50:33	教案	Edit | Details | Delete
小王	学习总结	学习总结,今天收获真大	2023/7/2 16:49:41	教案	Edit | Details | Delete

Previous 1 2 3 Next

图 10-11 首页添加了分页显示效果

10.5 查看详情功能的实现

在图 10-11 中单击 Details 即显示出相应记录的详细信息,实现步骤如下。

(1) 修改根据 ID 获取 Result 记录的方法,因为要显示成果类型,需要连接表 ResultType 进行查询,即要通过外键 Type 进行连接查询。

打开仓储类 ResultRepository.cs,更改 GetByIdAsync()方法代码为如下代码。

```
public Task<Result> GetByIdAsync(int id)
        {
            //return resultContext.Results.FirstOrDefaultAsync(r=>r.Id==id);
            //通过导航属性连到另外一张表进行连接查询
            return resultContext.Results.Include(type=>type.Type).
FirstOrDefaultAsync(r =>r.Id ==id);
        }
```

(2) 在 Result 控制器中添加详情处理方法,代码如下。

```
public async Task<IActionResult>  Details(int id)
        {
            var result =await _resultRepository.GetByIdAsync(id);
            return View(result);
        }
```

(3) 添加 Details 视图。

把鼠标放在 Details 方法任意位置右击,选择“添加视图”,然后弹出如图 10-12 所示对话框,并选择“Razor 视图”,最后再单击“添加”按钮,弹出如图 10-13 所示对话框。

模板、模型类及数据上下文类的设置如图 10-13 所示。之后单击“添加”按钮,稍后即可

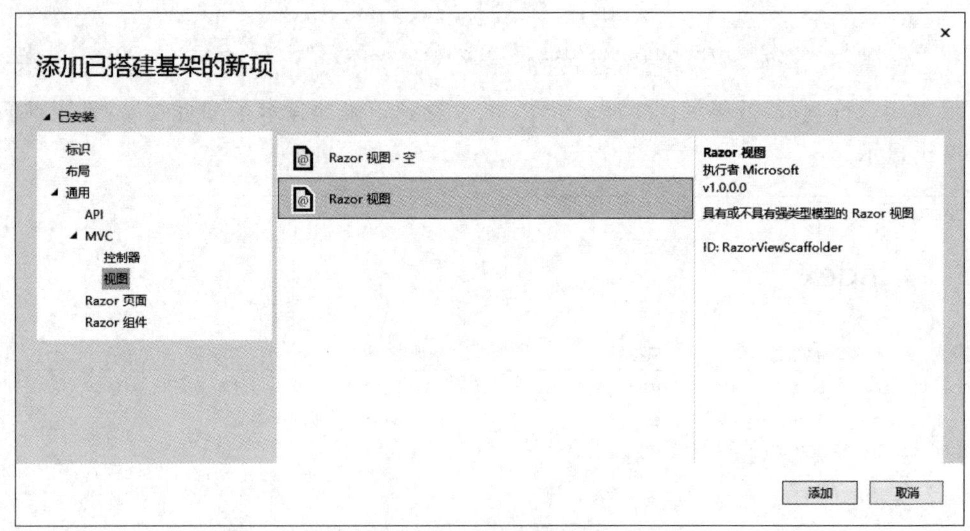

图 10-12　添加 Razor 视图

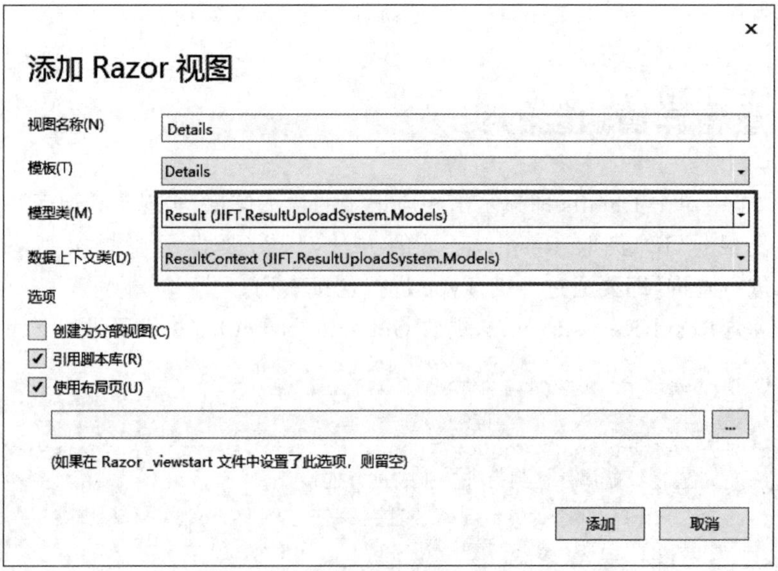

添加 Razor 视图

视图名称(N)　Details

模板(T)　Details

模型类(M)　Result (JIFT.ResultUploadSystem.Models)

数据上下文类(D)　ResultContext (JIFT.ResultUploadSystem.Models)

选项

☐ 创建为分部视图(C)

☑ 引用脚本库(R)

☑ 使用布局页(U)

(如果在 Razor _viewstart 文件中设置了此选项，则留空)

添加　取消

图 10-13　添加并配置 Details 视图

添加好详细页视图(Details.cshtml)。

说明：

第一，把 model.Type 改为 model.Type.Name，也就是通过 Type 外键引用类型名称。

第二，此时会出现两处提示：解引用可能出现空引用。这是因为成果类型(Type)可能为空导致的，只需要在 Type 后面添加!，表示不允许为空即可，修改的代码如以下加粗代码所示。

```
<dt class ="col-sm-2">
        @Html.DisplayNameFor(model =>model.Type!.Name)
</dt>
```

```
<dd class ="col-sm-10">
        @Html.DisplayFor(model =>model.Type!.Name)
</dd>
```

(4) 测试运行效果。

启动后首页效果如图 10-11 所示，浏览至某页，单击某条记录后面的 Details 即显示出相应记录的详情信息页面，如图 10-14 所示。

图 10-14　显示记录详情信息页面

10.6　修改功能的实现

接下来实现系统的修改功能，如单击首页某条记录后的 Edit 链接即弹出新页面并显示出对应记录的原始值，然后修改某些字段值，之后单击 Save 按钮即可修改成功，并返回首页。具体实现步骤如下。

(1) 增加显示 Edit 视图的 Action，即在 ResultController 控制器下增加如下代码。

```
public async Task<IActionResult>  Edit(int id)
{
        //获取 Result 类型
        var types =await _resultTypeRepository.TypeListAsync();
        //使用 SelectListItem 需要导入 using Microsoft.AspNetCore.Mvc.Rendering
        //把类型设置成下拉列表框形式显示，并为其设置 Text 和 Value 属性值
        ViewBag.Types =types.Select(r =>new SelectListItem
            {
                Text =r.Name,
                Value =r.Id.ToString()
            });
            //根据 id 查找对应的 Result
            Result? result =await _resultRepository.GetByIdAsync(id);
            return View(result);
}
```

(2) 添加 Edit 视图。

把鼠标放到上面 Edit 任意位置右击，在弹出的快捷菜单中选择“添加视图”，在弹出的对话框中选择“Razor 视图”，如图 10-12 所示。然后单击“添加”按钮，弹出“添加 Razor 视

图”对话框，其中，模板、模型类、数据上下文类设置如图 10-15 所示。最后单击“添加”按钮，稍等即可完成视图的添加。

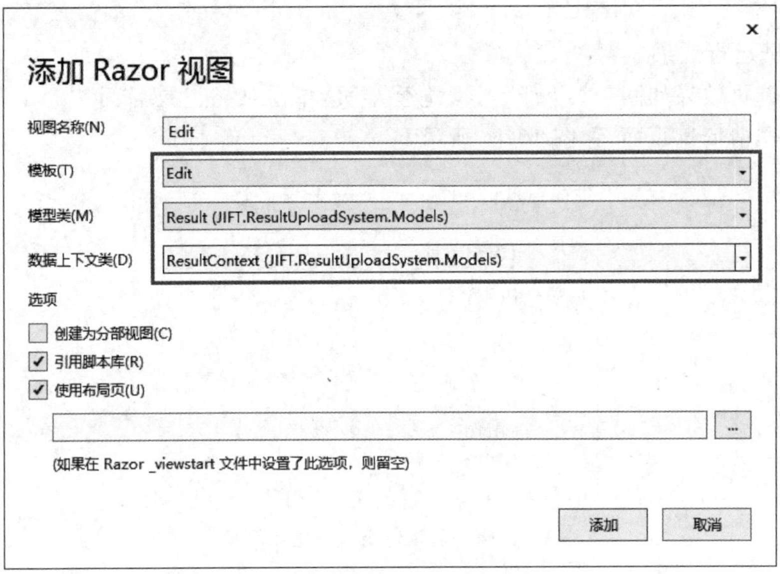

图 10-15　添加并配置 Edit 视图

为了让 Edit 视图显示更加友好，接下来对 Edit.cshtml 视图代码做如下修改。

第 1 处：为 form 表单增加发送请求方式为 post，如以下加粗代码所示。

```
<form asp-action="Edit" method="post">
```

第 2 处：把 ViewBag.Types 转换成下拉列表框形式，并赋值给 types，即增加如下加粗代码。

```
@{
    ViewData["Title"] ="Edit";
    var types =ViewBag.Types as IEnumerable<SelectListItem>;
}
```

第 3 处：把 asp-items="ViewBag.TypeId"改为 asp-items="types"，即通过下拉列表框显示类型。

```
<div class="form-group">
            <label asp-for="TypeId" class="control-label"></label>
            <select asp-for="TypeId" class="form-control" asp-items=
"types"></select>
            <span asp-validation-for="TypeId" class="text-danger"></span>
    </div>
```

(3) 添加实现 Edit(修改)对应 Action，与 Add 代码差不多，主要区别在于更新操作要给定 Id，如以下加粗代码所示。

```
[HttpPost]
public async Task<IActionResult>  Edit(ResultModel model)
```

```
{
    //指前端那些表单验证无效/失败
    if (!ModelState.IsValid)
    {
        return BadRequest(ModelState);
    }
        Result r =new Result()
    {
        Id =model.Id, //EF 更新操作一定要给定 Id,否则变为添加操作
        StuName =model.StuName,
        Title =model.Title,
        Discription =model.Discription,
        TypeId =model.TypeId,
        Create =DateTime.Now,
    };
        await _resultRepository.UpdateAsync(r);
        return RedirectToAction("index");
}
```

说明：此处是修改所有字段的，如果没有给某字段赋值，则该字段更新后为 null。

启动运行后，单击某条记录后的 Edit 链接，即出现如图 10-16 所示的页面，修改任意字段值后，单击 Save 按钮即可实现保存修改。

图 10-16　修改运行效果图

(4) 在图 10-16 中发现成果类型显示为 TypeId，为了显示中文，需要为实体类 Result.cs 的 TypeId 加上特性，如以下加粗代码所示。

```
[Display(Name ="成果类型")]
public int TypeId { get; set; }
```

10.7 删除功能的实现

接下来实现系统的删除功能，单击首页某条记录后的 Delete 链接即弹出新页面并给出删除提示，如果再次单击 Delete 按钮即可删除成功，并返回首页。具体实现步骤如下。

（1）IResultRepository.cs 下增加删除接口方法。

```
Task<bool> DeleteAsync(Result result);
```

（2）ResultRepository.cs 下实现上面接口方法。

```
public async Task<bool> DeleteAsync(Result result)
{
    resultContext.Entry<Result>(result).State =EntityState.Deleted;
    return await resultContext.SaveChangesAsync() >0;
}
```

（3）ResultController.cs 控制器下添加显示要删除记录的 Action。

```
//显示删除页面——删除确认页面
public async Task<IActionResult> Delete(int id)
{
    Result? result =await _resultRepository.GetByIdAsync(id);
    return View(result);
}
```

（4）添加视图 Delete.cshtml。

把鼠标放到 Delete 任意位置右击，在弹出的快捷菜单中选择“添加视图”，在弹出的对话框中选择“Razor 视图”，如图 10-12 所示。然后单击“添加”按钮，弹出“添加 Razor 视图”对话框，其中，模板、模型类、数据上下文类设置如图 10-17 所示。最后单击“添加”按钮，稍等即可完成视图的添加。

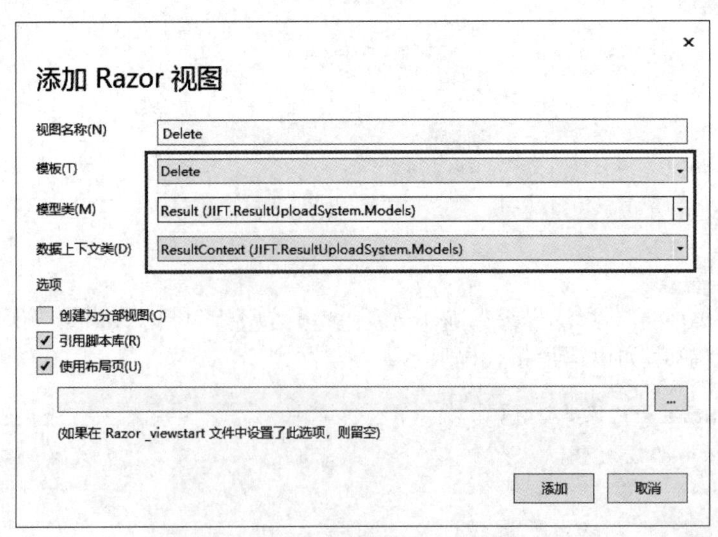

图 10-17 添加并配置 Delete 视图

对默认视图代码修改以下几个地方。

① 有一处会出现解引用可能出现空引用的警告，这是因为 model.Type 可能为空，只需要在后面增加!，强制不为空即可，如以下加粗代码所示。

② 在 form 表单处增加发送请求的方式为 Post，如以下加粗代码所示。

```
@model JIFT.ResultUploadSystem.Models.Result
@{
    ViewData["Title"] = "Delete";
}
<h1>Delete</h1>
<h3>Are you sure you want to delete this? </h3>
<div>
    <h4>Result</h4>
      <hr />
      <dl class="row">
          <dt class = "col-sm-2">
              @Html.DisplayNameFor(model => model.StuName)
          </dt>
          <dd class = "col-sm-10">
              @Html.DisplayFor(model => model.StuName)
          </dd>
          <dt class = "col-sm-2">
              @Html.DisplayNameFor(model => model.Title)
          </dt>
          <dd class = "col-sm-10">
              @Html.DisplayFor(model => model.Title)
          </dd>
          <dt class = "col-sm-2">
              @Html.DisplayNameFor(model => model.Discription)
          </dt>
          <dd class = "col-sm-10">
              @Html.DisplayFor(model => model.Discription)
          </dd>
          <dt class = "col-sm-2">
              @Html.DisplayNameFor(model => model.Create)
          </dt>
          <dd class = "col-sm-10">
              @Html.DisplayFor(model => model.Create)
          </dd>
          <dt class = "col-sm-2">
              @Html.DisplayNameFor(model => model.Type)
          </dt>
          <dd class = "col-sm-10">
              @Html.DisplayFor(model => model.Type!.Name)
          </dd>
      </dl>

      <form asp-action= "Delete" method= "post">
          <input type= "hidden" asp-for= "Id" />
```

```
        <input type="submit" value="Delete" class="btnbtn-danger" /> |
        <a asp-action="Index">Back to List</a>
    </form>
</div>
```

(5) ResultController.cs 控制器下添加处理删除方法。

```
[HttpPost]
public async Task<IActionResult>  Delete(int id, ResultModel model)
//ResultModel model 实际为群众演员,区别上面的 Delete()方法
{
    Result? result =await _resultRepository.GetByIdAsync(id);
    await _resultRepository.DeleteAsync(result!);
    return RedirectToAction("index");
}
```

启动运行后单击某条记录后的 Delete 链接,即弹出如图 10-18 所示的确认删除提示页面,单击 Delete 按钮即可实现删除。

图 10-18 删除确认提示页

在图 10-18 中发现成果类型显示为 Type,为了显示中文,需要为实体类 Result.cs 的 Type 加上特性,如以下加粗代码所示。

```
[Display(Name ="成果类型")]
public ResultType? Type { get; set; }
```

至此,一个基于.NET Core MVC 的项目的增、删、改、查及分页功能全部实现。

不过当前不论是添加、修改页面,成果概述后面均为文本框,不是那么友好,宜改为文本域。只需要分别进入 Add.cshtml、Edit.cshtml 页面,把下面一句注释掉或删除。

```
<input asp-for="Discription" class="form-control" />
```

改为如下一句即可,即显示高度为 10,宽度为 50 的一个文本域,超过默认高度会自动添加滚动条。

```
<textarea asp-for="Discription" rows="10" cols="50" class="form-control">
</textarea>
```

说明：各个页面的提示文字都是非中文提示，如果需要改为中文，只需要进入相应的视图页面，把非中文提示文字改为中文即可。

小结

本章首先讲解了异步编程(Task)的基础知识，然后为项目实现增、删、改、查及分页功能，而且除了分页功能外，其他都是采用了异步编程技术，采用的.NET Core MVC 框架。本项目功能虽然不算复杂，但是本项目是.NET Core MVC 的一个典型案例，需要通过实践充分理解。

练习与实践

1. 简答题

(1) 简述你对 Task 异步编程的理解。

(2) 阐述分页技术实现原理。

(3) 实体类属性常见特性有哪些？

2. 实践题

采用.NET Core MVC 技术完整实现本项目的增、删、改、查及分页功能，将必要的提示文字全部改为中文。

第11章 项目完善及项目部署

第10章已经实现了项目的增、删、改、查及分页显示功能，系统的核心功能已经完成。接下来通过本章学习如何为项目更换数据库、初始化一些设置及项目的发布与部署。

学习目标

（1）领悟为项目更换数据库技术。

（2）领悟如何进行程序初始化。

（3）掌握.NET 项目的发布方法。

（4）掌握.NET 项目如何部署到 IIS。

思政目标及设计建议

根据新时代软件工程师应该具备的基本素养，挖掘课程思政元素，有机融入教学中，本章思政目标及设计建议如表11-1所示。

表11-1　第11章思政目标及设计建议

思政目标	思政元素及融入
培养精益求精的大国工匠精神	第10章已经完成了系统的核心功能，但是如果想更换数据库类型怎么办呢？如何通过程序初始化成果类型呢？开发完成的项目如何脱离 Visual Studio 开发环境运行呢？通过这些激发学生精益求精的精神
培养学生自主探索精神	项目如何部署到 CentOS 操作系统上呢

11.1 为项目更换数据库

如何为编写好功能的应用程序更换数据库呢？本节将本项目原来的 SQL Server 更换为 SQLite 数据库。由于数据库使用 EF Core 技术，更换修改数据库比较简单方便。具体实现步骤如下。

1. 还原 NuGet 包

即安装 Microsoft.EntityFrameworkCore.Sqlite。右击项目，选择“管理 NuGet 程序包”，打开如图11-1所示界面，在“浏览”选项卡下面文本框中输入“Microsoft.EntityFrameworkCore.Sqlite”，即会查找到该 NuGet 包，然后选择该 NuGet 包，版本一般采用默认最新最稳定版，最后单击“安装”按钮，之后会弹出两次提示，分别单击 OK 和 I Accept 按钮，即可完成

安装。

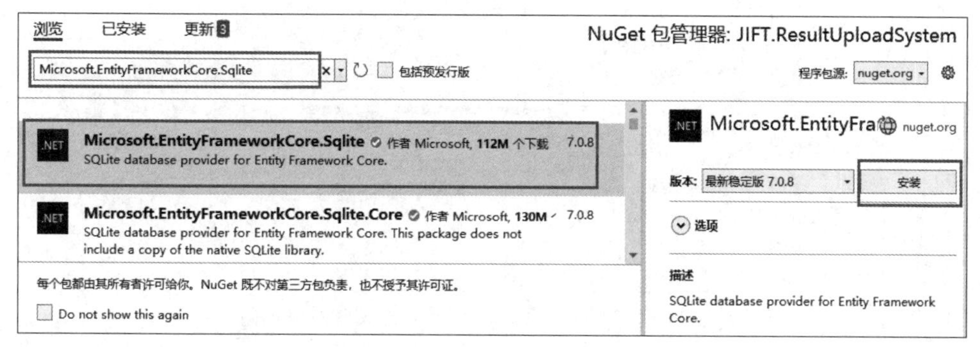

图 11-1　安装 SQLite 包界面

2. 更改数据库连接信息

即打开项目中的 Program.cs 文件，修改以下两处。

（1）修改 connection 的值。

```
//修改前
var connection = @"server=.; Database=ResultDB20230610; UId=sa; PWD=123456;
Encrypt=True;TrustServerCertificate=True;";
//修改后
var connection =@"Filename=ResultDB.db";//表示在应用程序的根目录下
```

（2）修改 AddContext()方法。

```
//修改前
builder.Services.AddDbContext<ResultContext>(options =>options.UseSqlServer
(connection));
//修改后
builder.Services..AddDbContext<ResultContext>(options =>options.UseSqlite
(connection));
```

3. 更新数据库

先把原来整个迁移文件夹 Migrations 删除。打开程序包控制台，按顺序执行下面两句。

```
Add-Migration ResultFirst //迁移数据
Update-Database           //生成/更新数据库
```

待命令执行完成之后就可以在当前应用程序根目录下看到 ResultDB.db 数据库。

如果想查看数据库的结构，可以下载 SQLite 可视化工具 SQLiteStudio.exe 查看。

4. 运行测试看效果

运行正常，只不过是没有任何数据，如图 11-2 所示。这是因为数据库更新了，原来的数据都没有了。当然，原来的 Result 类型也就没有了，原来的 Result 类型为手动在数据库中添加的，现在想改为在程序初始化后自动添加，如何实现？

图 11-2 数据库更新成功时没有数据运行界面

11.2 如何在程序初始化时添加必要的功能

本节让 Result 成果类型在程序初始化时自动添加若干项。

思路：在 Program.cs 类中添加一个 InitData()方法，在该方法中为 ResultType 表添加默认记录，即要操纵数据库，所以关键要得到 ResultContext 上下文。然后再调用 InitData()方法。

InitData()方法实现代码及含义见注释。

```
void InitData(IServiceProvider serviceProvider)
{
    //用 CreateScope()方法来解析接口 IServiceScopeFactory 获取服务,并不是直接调用
    //ServiceProvider 来获取接口的服务
    using (var serviceScope =serviceProvider.GetRequiredService
<IServiceScopeFactory>().CreateScope())
    {
        //获取注入的 ResultContext,即获取到上下文
        //var db =serviceProvider.GetService<ResultContext>(); //这种直接注入
        //方式会报错,得不到 ResultContext 服务(上下文)
        var db =serviceScope.ServiceProvider.GetService<ResultContext>();
        //获取到 ResultContext 上下文
        db.Database.EnsureCreated();//如果数据库不存在则创建,存在则不做操作
        if (db.ResultTypes.Count() ==0) //如果 ResultTypes 表中没有记录则添加
        {
            var resulttypes =new List<ResultType>
                    {
        //初始化时的默认选择项
                        new ResultType{Name="教学课件"},
                        new ResultType{Name="微视频"},
                        new ResultType{Name="学习总结"},
                        new ResultType{Name="论文"}
                    };
            db.ResultTypes.AddRange(resulttypes);
            db.SaveChanges();
        }
```

```
        }
    }
```

然后调用 InitData()方法，代码如下。该代码要放在 app 生成之后，即放在 var app = builder.Build();代码之后。

```
InitData(app.Services);
```

执行程序，ResultType 就会添加到数据库中。

运行程序看效果，如添加一条记录，就可以看到成果类型上面有代码添加的选择项了。也可以到数据库里查看添加的记录。

11.3 项目发布

项目发布方法有以下两种。

(1) 使用 Visual Studio 发布应用。

(2) 使用 dotnet publish 命令行工具发布。

11.3.1 使用 Visual Studio 发布应用

右击“项目”，在弹出的快捷菜单中选择“发布”，弹出如图 11-3 所示对话框，发布目标有很多种，这里选择“文件夹”，然后单击“下一步”按钮，弹出如图 11-4 所示对话框，默认发布位置是项目的 bin\Release\net6.0\publish\ 目录，一般不去修改，单击“完成”按钮，弹出如图 11-5 所示项目发布配置文件创建完成提示界面。

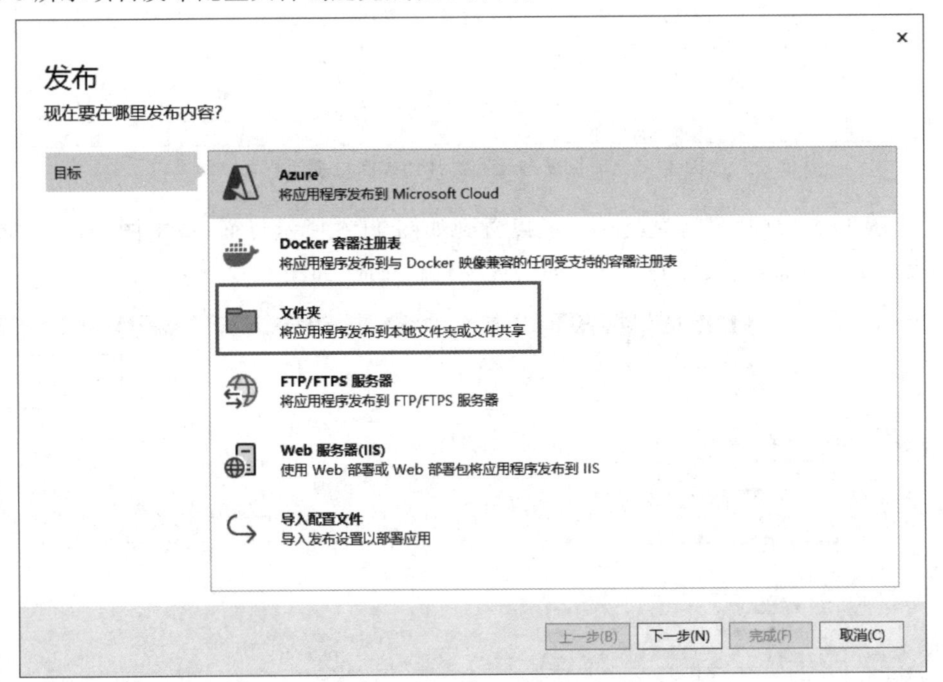

图 11-3　项目发布目标选择界面

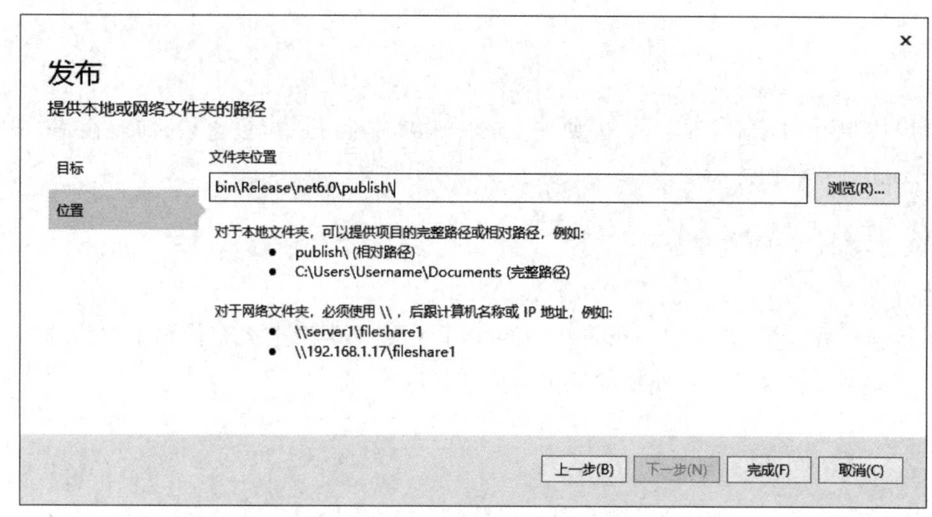

图 11-4 项目发布位置选择界面

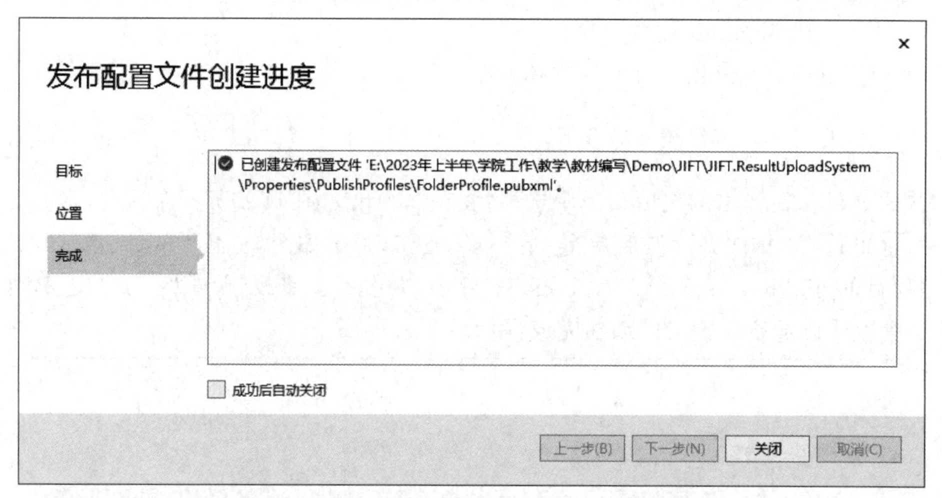

图 11-5 项目发布配置文件创建完成提示界面

单击图 11-5 中的“关闭”按钮，则可以看到如图 11-6 所示界面，单击图中的“发布”按钮，则提示正在发布到“文件夹”，稍后即会提示发布完成，如图 11-7 所示。

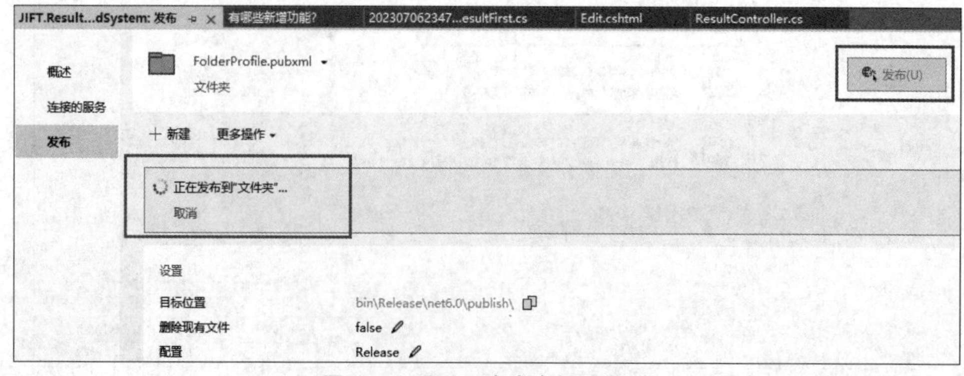

图 11-6 项目正在发布提示界面

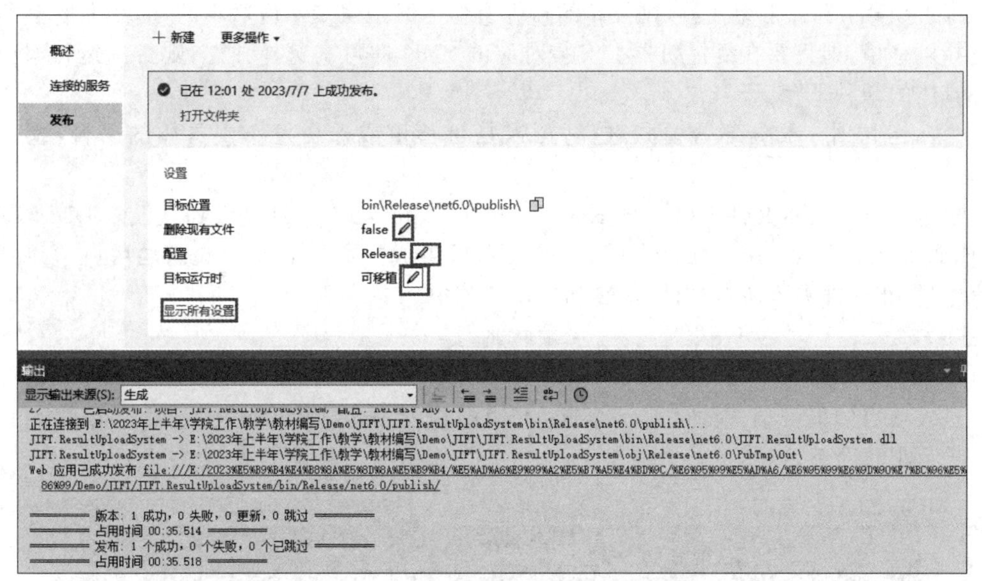

图 11-7　项目发布完成提示界面

以上是默认的发布配置，如果需要修改可以单击如图 11-7 所示的“显示所有设置”或者单击图 11-7 中框住的笔触按钮，弹出如图 11-8 所示对话框。从图 11-8 可以看出，默认部署模式是框架依赖，目标运行时为可移植，目标框架是 net6.0(实际为开发时选择的.NET 版本)。

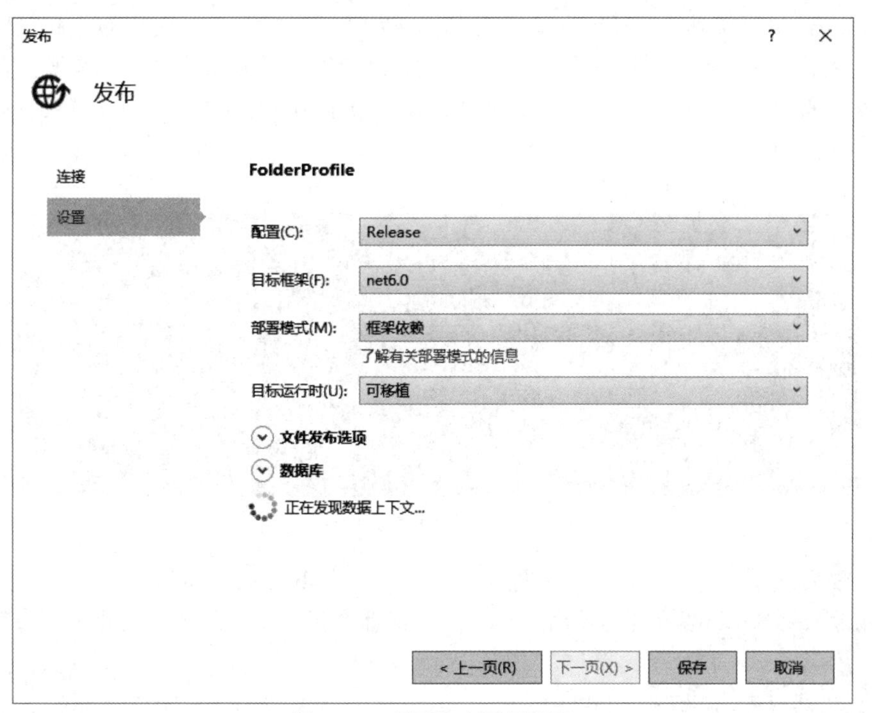

图 11-8　项目发布配置界面

说明：

目标框架：一般是默认的，就是开发时选择的.NET 版本。

部署模式：选择框架依赖，则发布的目标机器上必须安装对应版本的 SDK，目标运行时可选择可移植，即只要在目标机器上安装对应的 SDK 即可。选择独立，则目标运行时必须选择具体的某种平台。

目标运行时：根据部署模式选择，可以是可移植或选择发布到具体的平台（操作系统）上。

发布后进入发布文件夹（…bin\Release\net6.0\publish\），可以看到有很多 DLL 文件、JSON 配置文件、wwwroot 文件夹等，都是发布后生成的文件和文件夹。之后就可以把应用程序（发布文件夹下所有文件）部署到生产环境中。

11.3.2 使用 dotnet publish 命令行工具发布

进入项目的根目录，地址栏原路径删除，直接输入 cmd，回车，就可以打开 cmd 窗口，并进入项目根目录下，如图 11-9 所示。

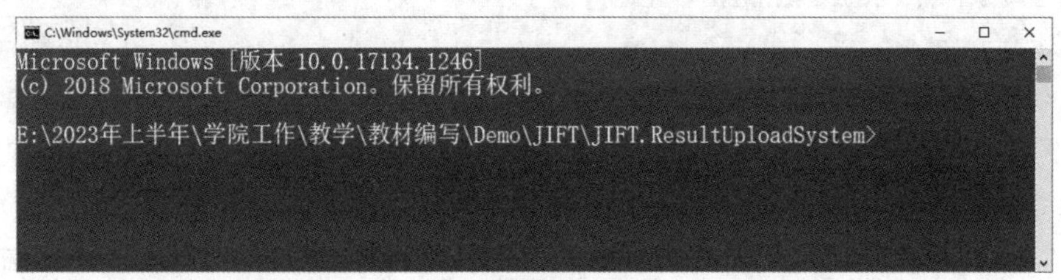

图 11-9 cmd 窗口

在 cmd 窗口直接输入 dotnet publish，如图 11-10 所示，回车，即可发布。默认是发布在 Debug 目录下（先把 bin 目录下的 Debug 和 Release 文件夹删除），发布之后，就会在项目的根目录下生成一个 Debug 目录，进入之后就会看到与采用 Visual Studio 发布生成的文件夹与文件是一样的。

```
C:\Windows\System32\cmd.exe

E:\2023年上半年\学院工作\教学\教材编写\Demo\JIFT\JIFT.ResultUploadSystem>dotnet publish
MSBuild version 17.4.1+9a89d02ff for .NET
  正在确定要还原的项目…
  所有项目均是最新的，无法还原。
  JIFT.ResultUploadSystem -> E:\2023年上半年\学院工作\教学\教材编写\Demo\JIFT\JIFT.Result
UploadSystem\bin\Debug\net
  6.0\JIFT.ResultUploadSystem.dll
  JIFT.ResultUploadSystem -> E:\2023年上半年\学院工作\教学\教材编写\Demo\JIFT\JIFT.Result
UploadSystem\bin\Debug\net
  6.0\publish\

E:\2023年上半年\学院工作\教学\教材编写\Demo\JIFT\JIFT.ResultUploadSystem>
```

图 11-10 执行 dotnet publish 命令

如果要发布到 release 目录下，就输入"dotnet publish -c release"。

使用 Visual Studio 发布还是使用 dotnet publish 命令行工具发布，根据习惯使用一种即可。

11.4 项目部署到 IIS

项目发布之后就可以部署了。Windows 操作系统下一般采用 IIS 部署。

基本步骤如下。

(1) 打开 IIS,右击“网站”,选择“添加网站”,打开如图 11-11 所示对话框。网站名称自定义,物理路径要选择到发布的 Publish 目录,这里把 11.3 节发布的 Publish 目录复制到了 D 盘根目录下,端口不能与其他应用程序的端口冲突。

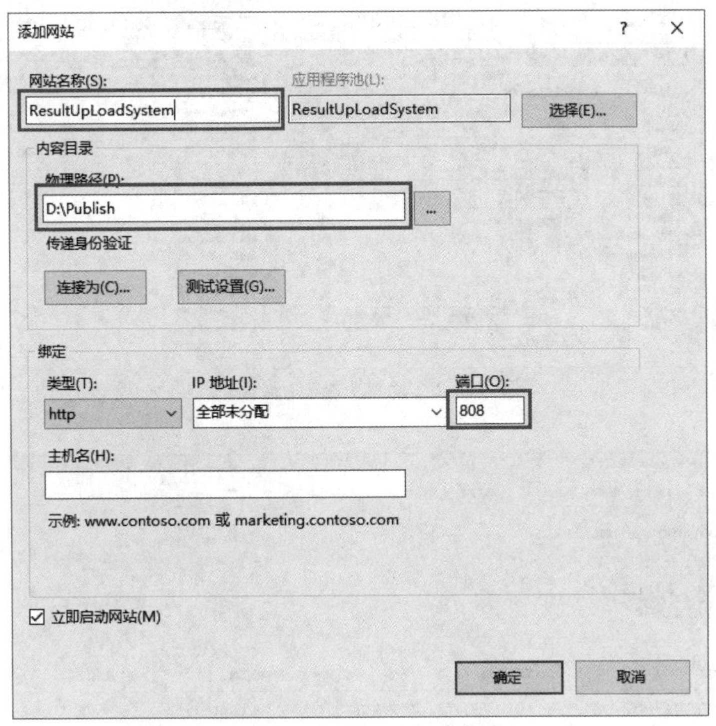

图 11-11　“添加网站”对话框

(2) 目标机器安装对应版本的.NET SDK。框架依赖一定要安装,独立部署不用安装。所需 SDK 可以根据部署的操作系统到微软官网下载,如 dotnet-sdk-6.0.101-win-x64.exe。如果在开发所用计算机上部署,则不用单独安装,因为安装 Visual Studio 2022 时就已经安装了。

(3) 安装 .NET 托管程序(如 dotnet-hosting-6.0.19-win.exe 可以到微软官网下载)。该包将安装.NET Core Runtime、.NET Core Library、ASP.NET Core Module,该模块在 IIS 和 Kestrel 服务器之间创建反向代理。同样,如果在开发所用计算机上部署,则不用单独安装,因为安装 Visual Studio 2022 时就已经安装了。

(4) 应用程序池的“.NET CLR 版本”设置为“无托管代码”。在左侧选择“应用程序池”,中间选择到网站名称,右侧单击“基本设置”,弹出如图 11-12 所示对话框,然后将“.NET CLR 版本”设置为“无托管代码”,因为 ASP.NET Core 是在单独的进程中运行并管理运行时。

右击图 11-12 网站下的网站名称(ResultUpLoadSystem)→“管理网站”→“浏览”,即可启动本项目的运行,如图 11-13 所示,可以看到成功部署。

注意:再次发布时要先停止网站运行。

.NET 6.0 项目支持跨平台,如果要部署到其他平台,如 CentOS 系统,请参阅其他资料。

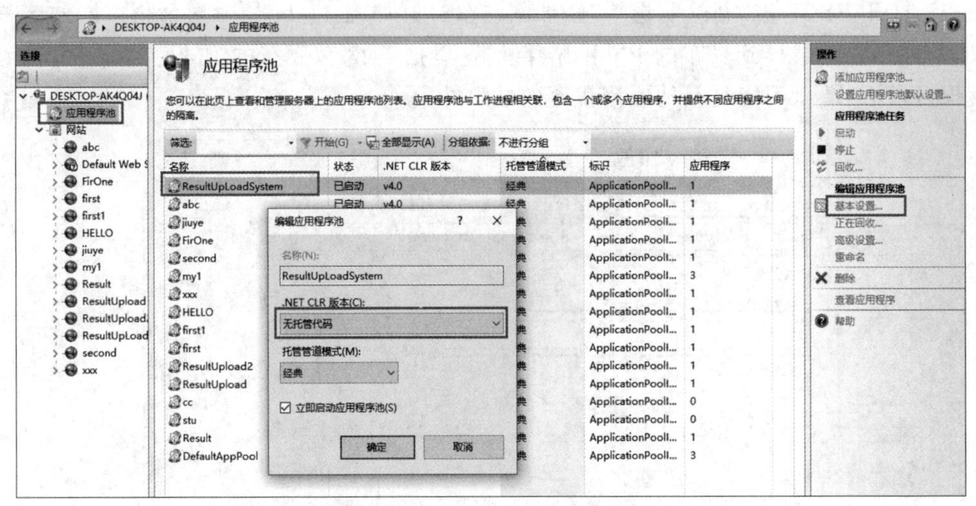

图 11-12　设置为“无托管代码”

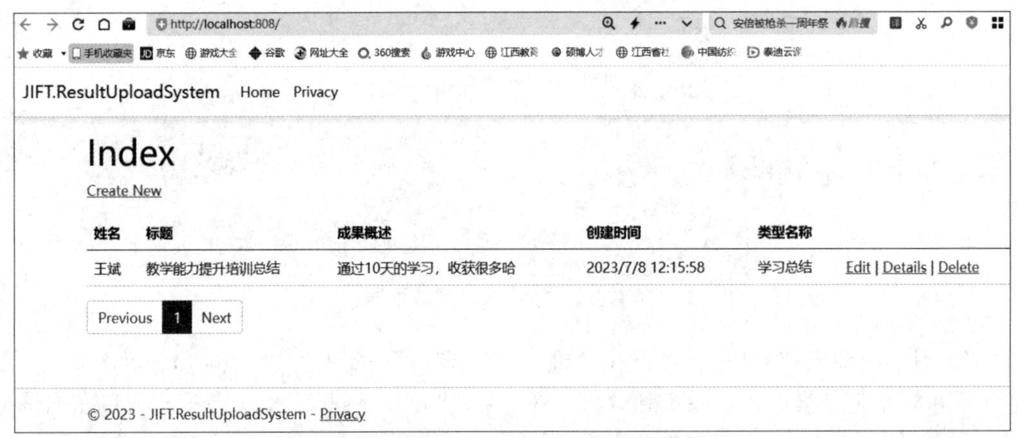

图 11-13　项目成功部署效果

小结

本章首先介绍了如何更换项目的数据库，然后介绍了如何对项目的必要功能进行初始化，接着介绍了两种项目发布方法，最后介绍了如何把项目部署到 IIS 服务器上。这些都是项目开发的常用技术，需要认真领悟。

练习与实践

1. 把项目数据库更换数据库为 SQLite，并在初始化时添加成果类型，最后把项目部署到 IIS 中。

2. 尝试把本项目部署到 CentOS 操作系统上。